## 維度是什麼


利用「點」、「線」、「面」學習維度的基本概念 …… 2

為什麼「點」是0維度 …… 4

我們居住的空間為何是3維的理由 …… 6


## 2維和3維的性質


從2維開始出現「形狀」 …… 8

利用拼圖思考維度 …… 10

具有體積的「立體」在3維出現 …… 12

人體在2維空間會分成兩半？ …… 14

立體和影子的關係成為思考4維的提示 …… 16

我們看到的世界真的是3維嗎？ …… 18

Coffee Break：140年前科幻小說所描寫的2維世界 …… 20


## 歡迎來到4維世界


維度可以隨心所欲地增加！ …… 22

存在於4維空間的「超立方體」是什麼 …… 24

把超立方體切開會得到8個立方體 …… 26

我們看到的4維物體會是什麼模樣？ …… 28

在高維度可以做到低維度做不到的事情 …… 30

在4維空間發生的不可思議現象 …… 32

Coffee Break：利用維度幫助兔子掙脫牢籠吧！ …… 34


## 空間和時間無法切割


只憑「空間」並無法確定事物 …… 36

利用沙漏思考時間是什麼 …… 38

空間和時間會拉長，也會縮短 …… 42

把時空畫成圖會是什麼模樣？ …… 44

在時空圖上呈現出太陽、地球的運動 …… 46

利用時空圖描繪光速會出現圓錐 …… 48

空間和時間會扭曲！ …… 50

Coffee Break：若時間是2維 …… 52

愛因斯坦闡明了重力的真相 …… 54

我們無法感受的「空間扭曲」是什麼 …… 56

越重的物體會造成時空越大的扭曲 …… 58

Coffee Break：宇宙中有時間停止的地方！ …… 60


## 如何搜尋高維度


開啟通往高維度的大門 …… 62

自然界的4種力是什麼力 …… 64

重力遠比其他力還要微弱 …… 66

在微觀世界中「比較各種力」 …… 68

預言10維時空的「超弦理論」是什麼 …… 70

高維度空間微小而隱蔽 …… 72

維度能夠捲縮變小 …… 74

「閉合弦」不受維度的束縛 …… 76

維度是什麼

# 利用「點」、「線」、「面」學習維度的基本概念

## 從古希臘就已經存在的定義

所謂的「維度」（dimension），是表示空間和圖形呈擴展狀態的概念。這樣的概念，似乎從西元前就已經存在。

有「幾何學之父」之稱的古希臘學者歐幾里德（Euclid，約前325～約前265）把當時的幾何學知識建立體系，彙整成《幾何原本》（Elements）一書。他在這本書中，把點、線、面、立體等概念定義如下：

**點沒有大小之分。**
**線只有長度而沒有寬度。**
**面只有長度和寬度。**
**立體具有長度、寬度、高度。**

另外，古希臘哲學家亞里斯多德（Aristotle，前384～前322）在他所著的《論天》（On the Heavens）中，提出了「立體是『完整的』，沒有超越3維的維度存在」。

人們似乎從古希臘時代就已經知道維度的概念，並且把它用來表示空間和圖形的範圍及複雜度。

### 歐幾里德在《幾何原本》寫下的定義

在歐幾里德的《幾何原本》中，除了圖中所示的定義之外，也定義了「線的端頭是點」、「面的邊緣是線」、「立體的邊緣是面」等。

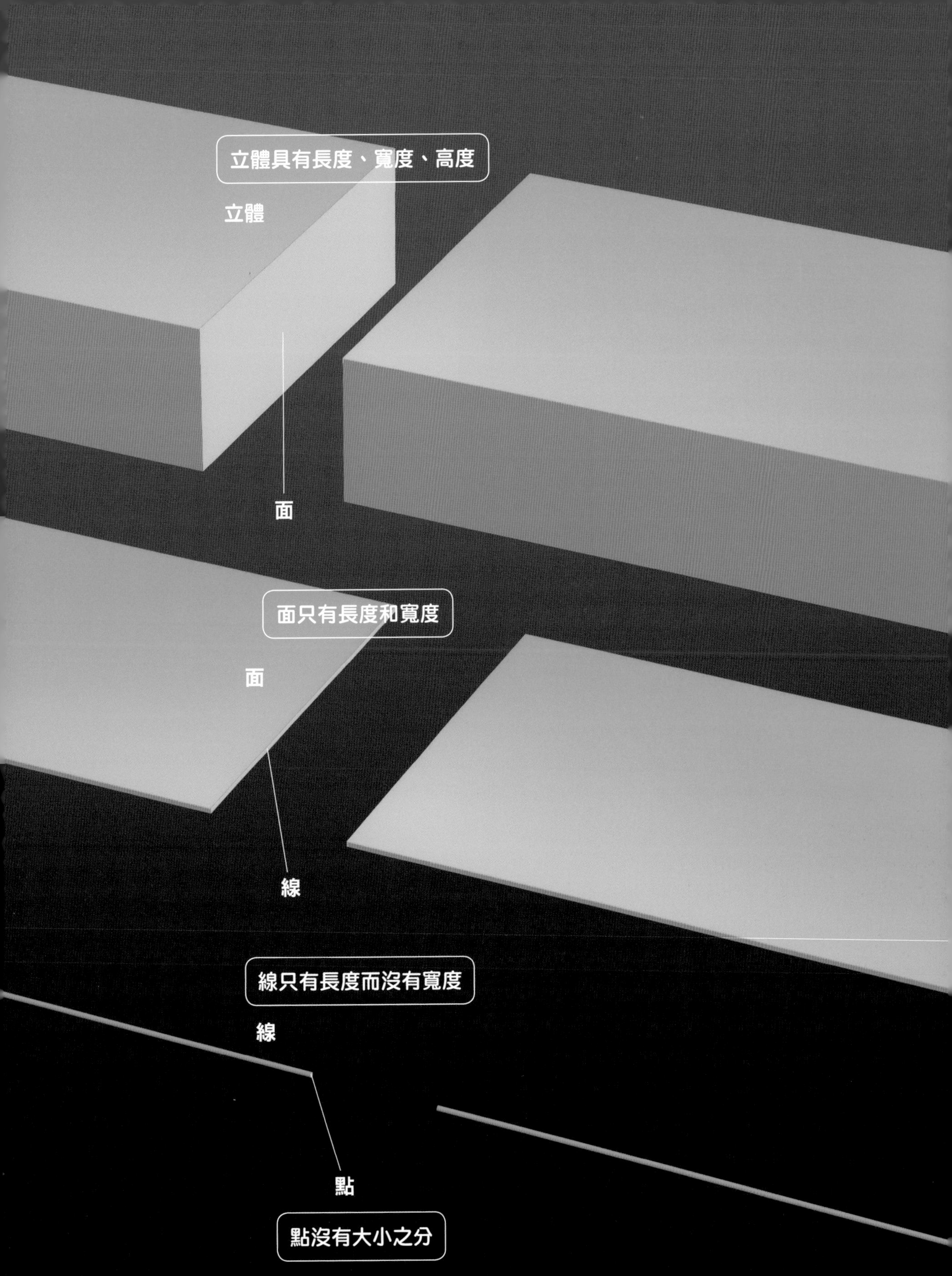

立體具有長度、寬度、高度

立體

面

面只有長度和寬度

面

線

線只有長度而沒有寬度

線

點

點沒有大小之分

維度是什麼

# 為什麼「點」是0維度

## 表示1個點的位置其數值與維度的關係

以「我思故我在」而聞名的法國哲學家笛卡兒（René Descartes，1596～1650），也是建立「坐標」概念的數學家。依笛卡兒的思考方式，維度可以定義為「用於決定1個點的位置所需的數值個數」。

舉個具體的例子。首先，「點」不具有大小，亦不需要決定位置。因此，點是0維度。

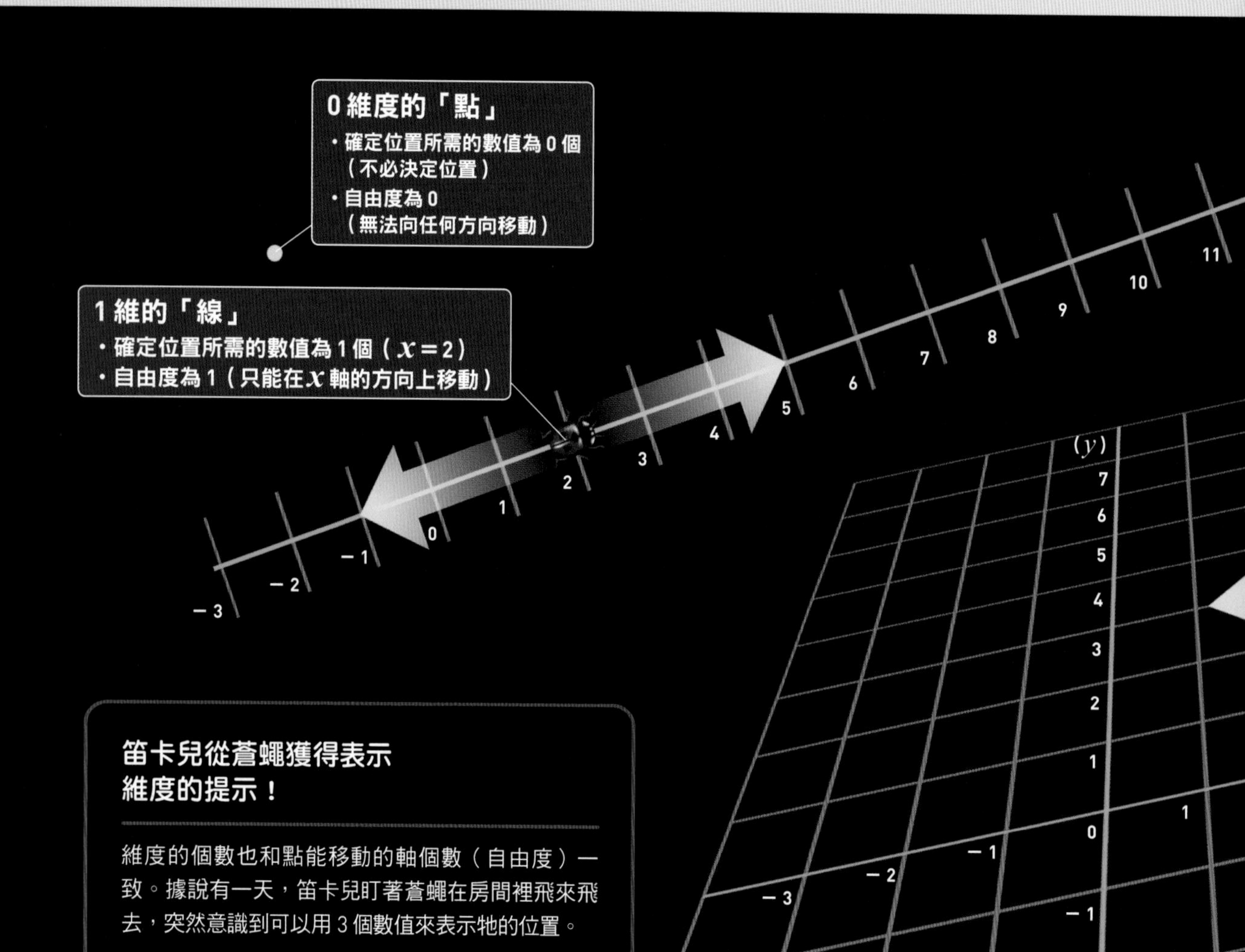


### 笛卡兒從蒼蠅獲得表示維度的提示！

維度的個數也和點能移動的軸個數（自由度）一致。據說有一天，笛卡兒盯著蒼蠅在房間裡飛來飛去，突然意識到可以用3個數值來表示牠的位置。

那麼，「直線」是幾維度呢？在直線上，只要先以某個點做為基準，即可使用相當於與其距離的數（例如X＝2）決定直線上1個點的位置。往反方向前進時，便把距離加上負號。因此，直線是1維。而且，曲線也可以依照這個方法決定曲線上1個點的位置，所以曲線也是1維。

「面」是2維。若想像有一張「方格紙」，在這張方格紙上，只要指定縱向刻度和橫向刻度的數值（例如X＝4，Y＝3），即可以決定1個點的位置。

同樣地，在地球表面，也能夠利用「經度」和「緯度」這2個數值來確定所在位置，所以球面也是2維。

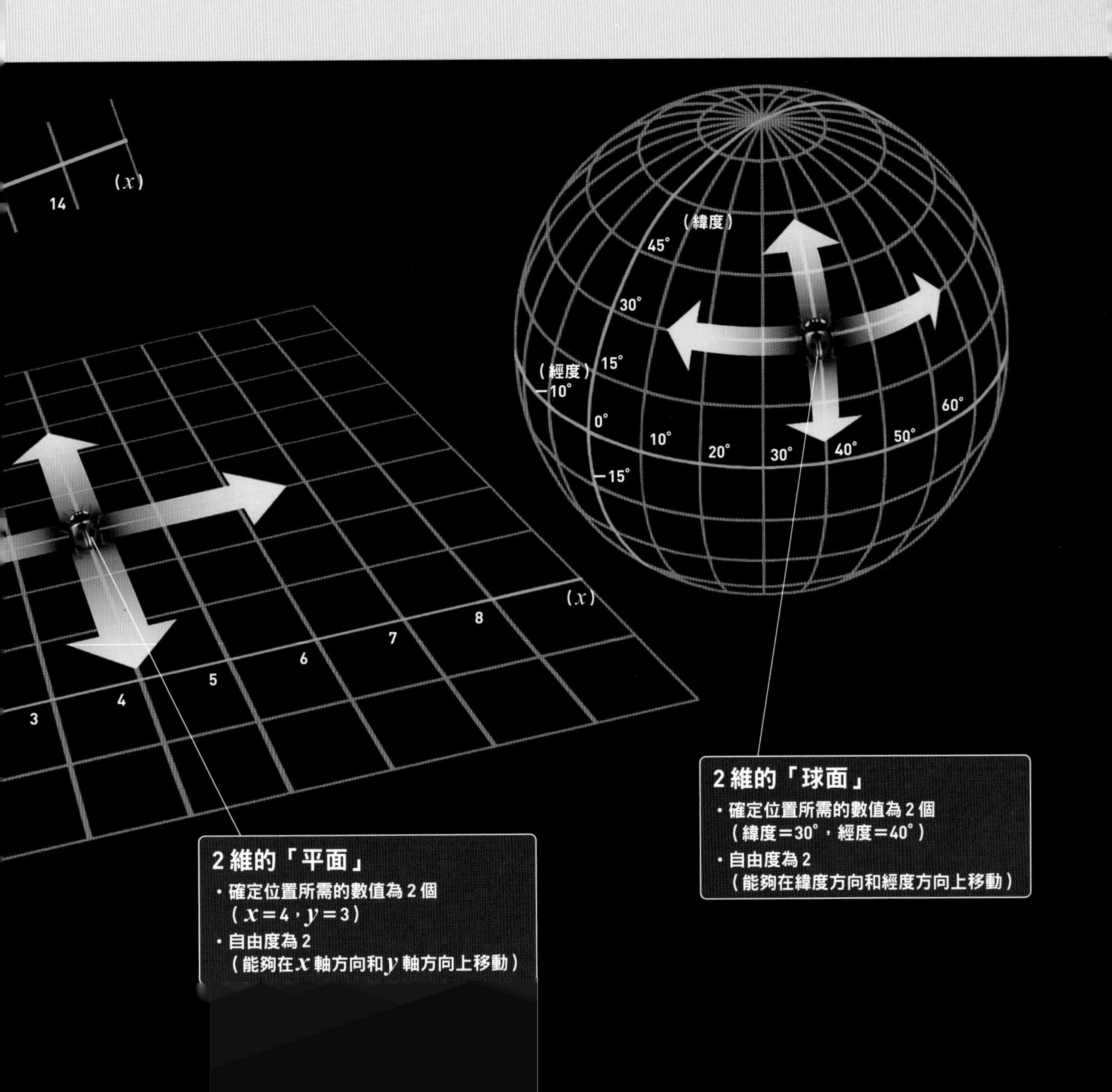

維度是什麼

# 我們居住的空間為何是3維的理由

## 利用經度、緯度、高度，可以決定空間中的位置

那麼，我們居住的這個空間究竟是幾維度呢？

來思考一下飛機在空中飛行的位置吧！要確定飛機的位置時，除了緯度和經度這個2維資訊之外，還需要高度的資訊。也就是說，必須使用「緯度」、「經度」、「高度」這3個數值來確定位置。飛機和汽車導航所配備的GPS（全球定位系統）就是使用緯度、經度、高度這3個數值來定出當下的位置。

只要設定合適的坐標，就算是太陽系及銀河系這樣的尺度，也能使用3個數值來表示空間中的位置。例如，可以設定一個以銀河系的中心方向和銀河面為基準的銀河坐標※，依據銀緯和銀經，再加上該天體與地球的距離，一共用3個數值來表示。

由此可知，我們居住在3維空間。

※：表示天體在天球上位置的一種坐標系。從地球上看去的銀河系中心方向為銀經0°，銀河面為銀緯0°。

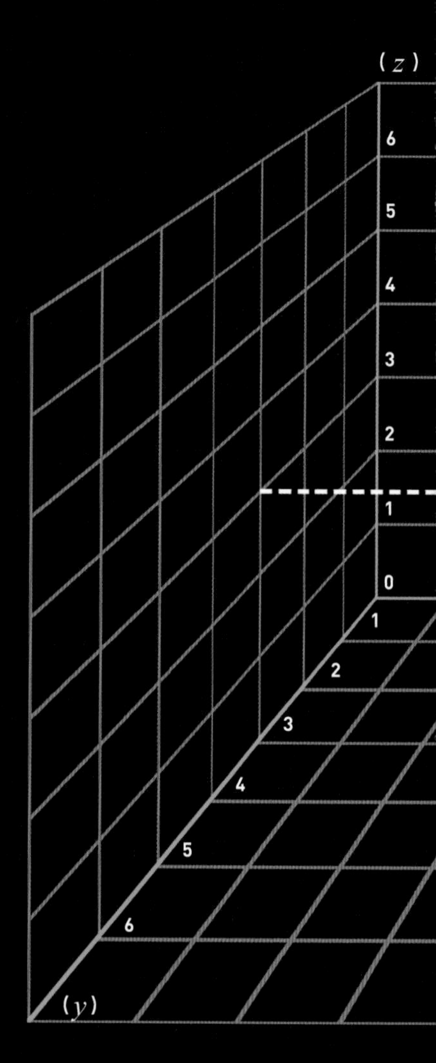

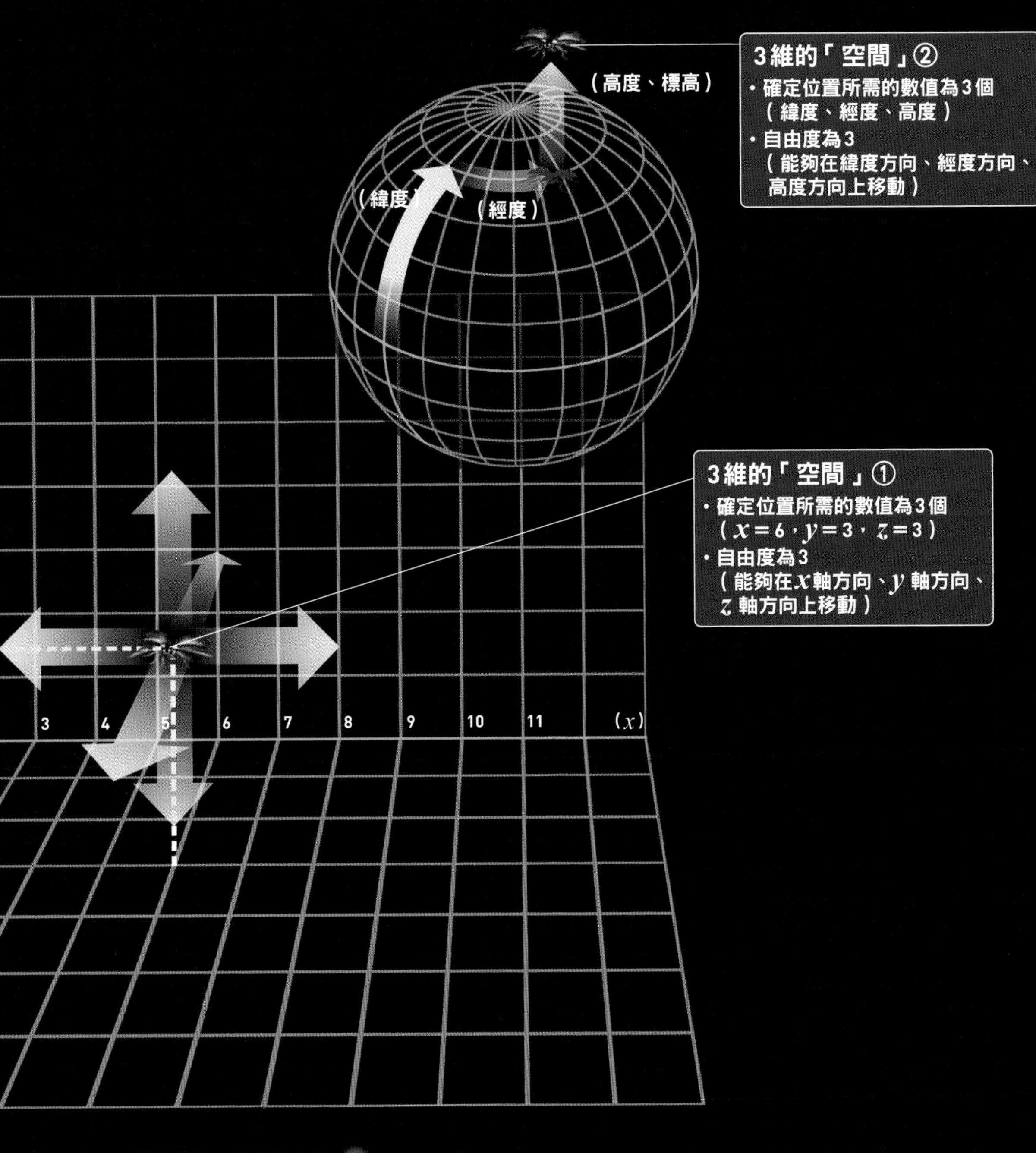
3維的「空間」②
・確定位置所需的數值為3個
（緯度、經度、高度）
・自由度為3
（能夠在緯度方向、經度方向、
高度方向上移動）
（高度、標高）
（緯度）
（經度）
3維的「空間」①
・確定位置所需的數值為3個
（$x=6$，$y=3$，$z=3$）
・自由度為3
（能夠在$x$軸方向、$y$軸方向、
$z$軸方向上移動）
3
4
5
6
7
8
9
10
11
（$x$）

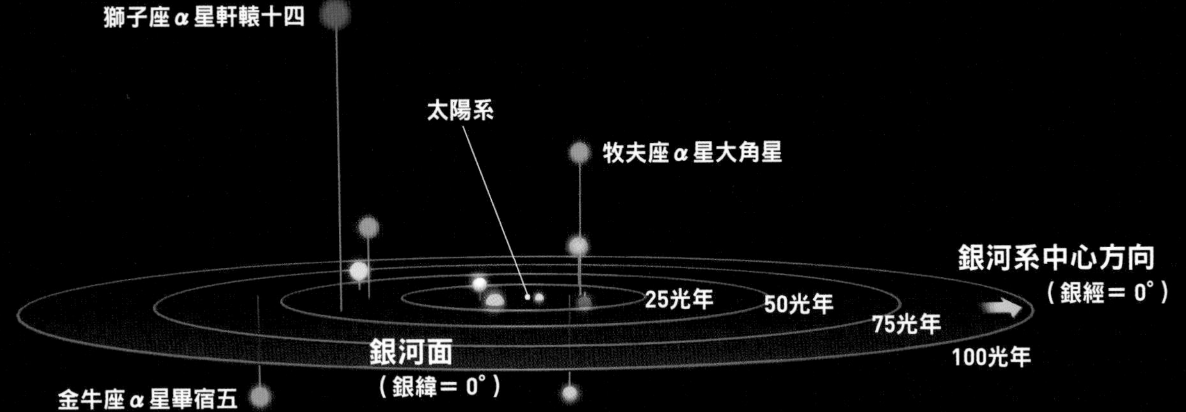
獅子座α星軒轅十四
太陽系
牧夫座α星大角星
銀河系中心方向
（銀經＝0°）
25光年
50光年
75光年
100光年
銀河面
（銀緯＝0°）
金牛座α星畢宿五

2維和3維的性質

# 從2維開始出現「形狀」

## 在1維世界無法進行花式滑冰

1維和2維世界有什麼不同呢？

假設在1維世界的線上有A區和B區，只能夠使用長度來比較這兩個區。

假設在2維世界（面）有A區和B區，則可以用「面積」來比較這兩個區。而且，除了面積之外，A和B還可以用另一個特徵做比較，那就是「形狀」。

在2維世界中，出現了三角形、四邊形、圓形、橢圓形，或曲線圍成的不規則圖形等在1維世界中無法存在的各種「形狀」。

處理形狀的數學稱為「幾何學」，在1維世界沒有，從2維世界才開始出現。此外，和形狀一樣，「角度」、「旋轉」等詞彙，也是在2維世界才開始具有意義。比方說，在1維世界中，雖然能進行競速滑冰，但無法進行花式滑冰。

**在1維(線)上的A～C區**
只能用長度做比較。

A區

**在2維(面)上的A～F區**
除了面積，也能用形狀做比較。

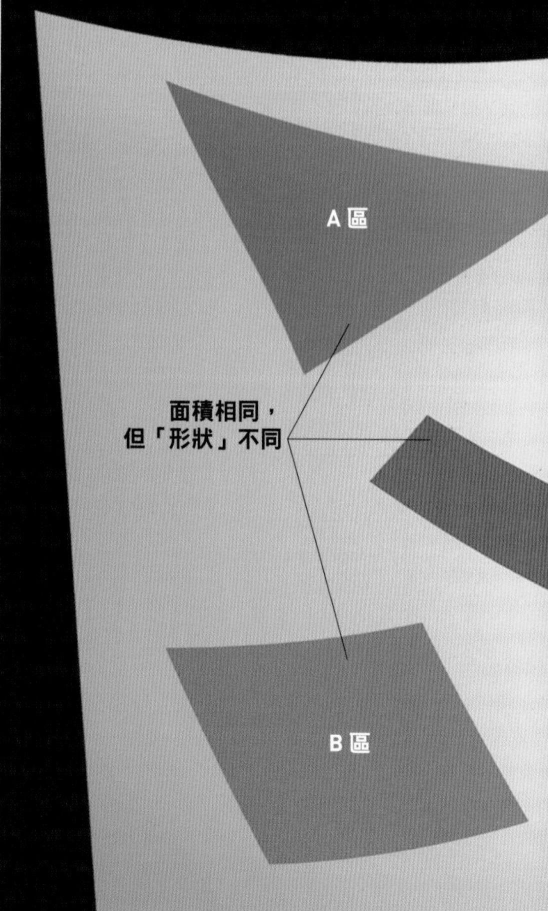

## 曲線能稱為「形狀」嗎？

曲線的「彎曲」相當於「形狀」嗎？或許也會有人這樣認為吧！不過，這是因為我們居住在3維空間，從「外面」看，才會出現這樣的疑問。

假設，有種生物居住在1維空間，那麼對他們來說，方向只有「前後」。1維生物只能沿著線前進和後退，所以往前看也好，往後看也好，應該都只能看到「點」。從2維世界或3維世界去看時，會看到線是彎曲的，但1維生物並無法看到這樣的彎曲。

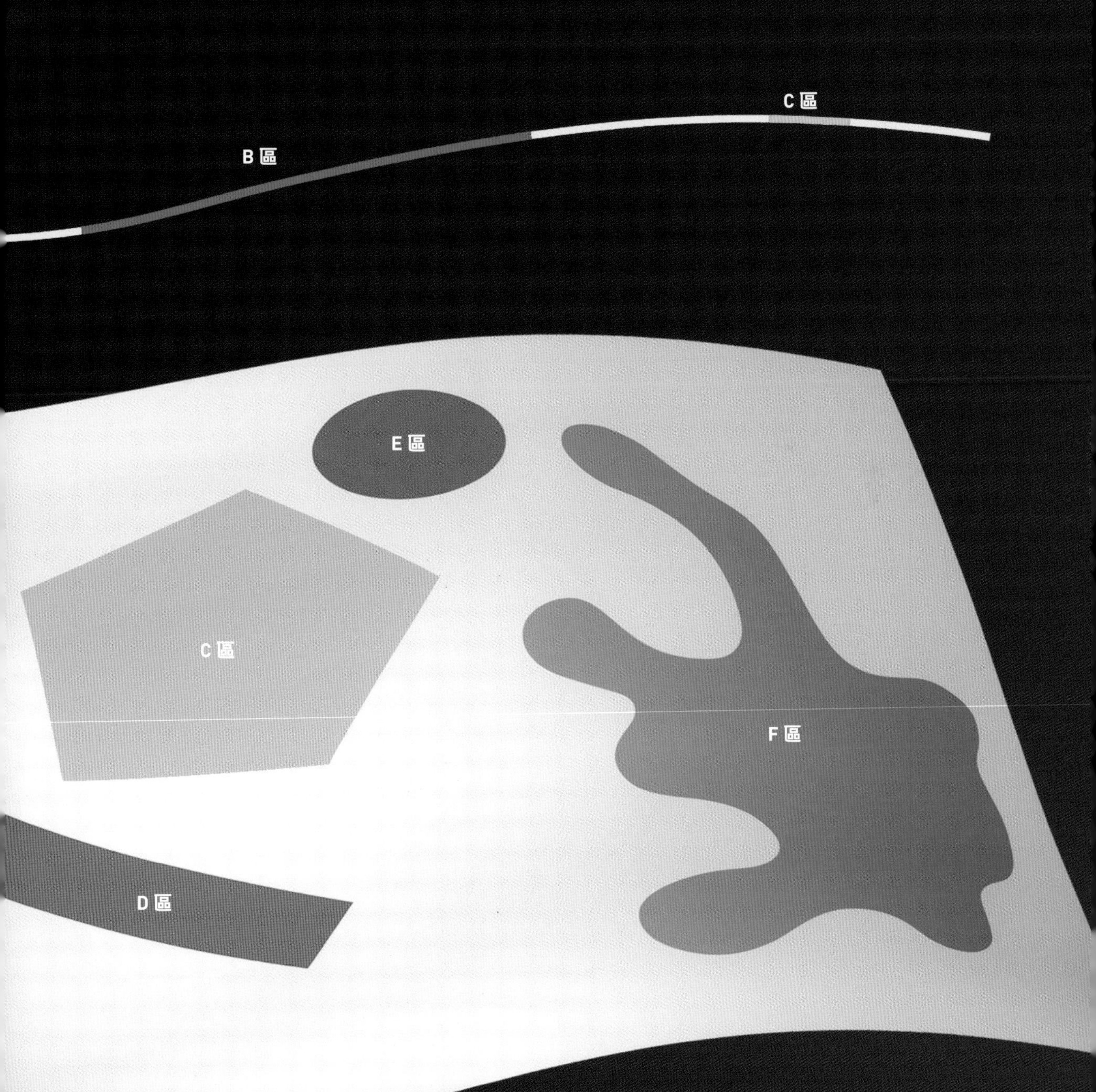

2維和3維的性質

# 利用拼圖思考維度

## 2維因為具有「形狀」才變得有趣

拼圖是把一幅圖像切割成多個部分（拼片），弄混之後，再重新拼回原來圖像的遊戲。那麼，「1維拼圖」會是什麼樣的東西呢？

1維是「線」。因此，1維拼圖是把1條長線剪成若干條不同長度的短線，把它們弄混後，重新拼接成原來的長線。但是，這樣的拼圖一點樂趣也沒有。切成的短線兩端都是「點」，所以任意兩條短線都能拼接在一起。

也就是說，拼圖之所以有趣，是因為它是2維。必須專注其2維「形狀」，不斷嘗試哪塊拼片和哪塊拼片能拼合在一起，這樣才有樂趣。

由此可知，2維具有比1維更為複雜的性質，意味著2維含有比1維更多的資訊。

1維的拼圖

2維的拼圖

把任何拼片依任何順序擺放
都能完成拼接※

※照理說，把「繩索表面的模樣」和「繩索截面的凹凸狀」等也拼接成原貌，才算真正的拼圖。但這樣一來，就變成利用繩索具有的2維或3維形狀的拼圖了。

## 1維條碼

下方的2維條碼暗藏著人人出版的官網（https://www.jjp.com.tw/），可用智慧型手機的相機讀取。

## 2維條碼

條碼是把數學或文字等資訊，暗藏在水平方向排列的黑白條紋中。而「2維條碼」不只在水平方向，連垂直方向也暗藏著資訊。因此，2維條碼能夠處理的資訊量，可達1維條碼的數十～數百倍。

若不專注於各拼片的形狀，就無法完成拼合

2維和3維的性質

# 具有體積的「立體」在3維出現

## 什麼是在2維沒有，只有立體才有的特徵？

接著，2維世界和3維世界有什麼不同呢？

在2維世界，亦即在面上，有三角形、四邊形、圓形等具有面積的各式各樣圖形。而在3維空間，則出現具有體積的各種「立體」。

如同平面圖形有許多形狀，立體也有長方體、球體、三角錐、圓錐、正四面體等多種形狀。而且，立體有一個2維沒有，只有3維才能存在的特徵，那就是「具有貫穿孔（管）」。

具有貫穿孔的立體例子，就是甜甜圈的形狀。此外，附把手的咖啡杯也是具有貫穿孔（讓手指穿過的部分）的立體。

另一方面，在2維世界中，具有貫穿孔之圖形並不存在。例如，把一個正方形的上邊挖一個洞，會成為「凹」字形。如果把這個洞往下邊貫穿，就不再是一個圖形，而是分割為兩個長方形。

### 3維空間可以包含比它更低的維度

在3維空間中，不只含有立體，也含有2維的面、1維的線和0維度的點。同樣地，在2維的平面上，也有線和點存在。

就像這樣，在具有某個數量的維度空間內部，能夠包含比它更低維度的空間。

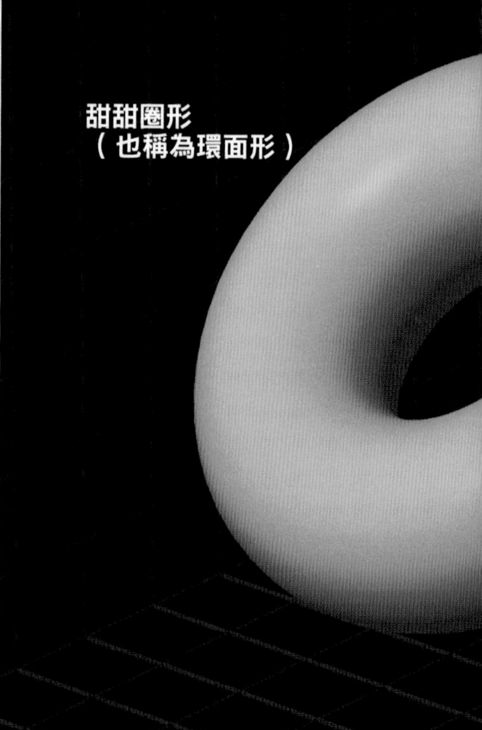

甜甜圈形
（也稱為環面形）

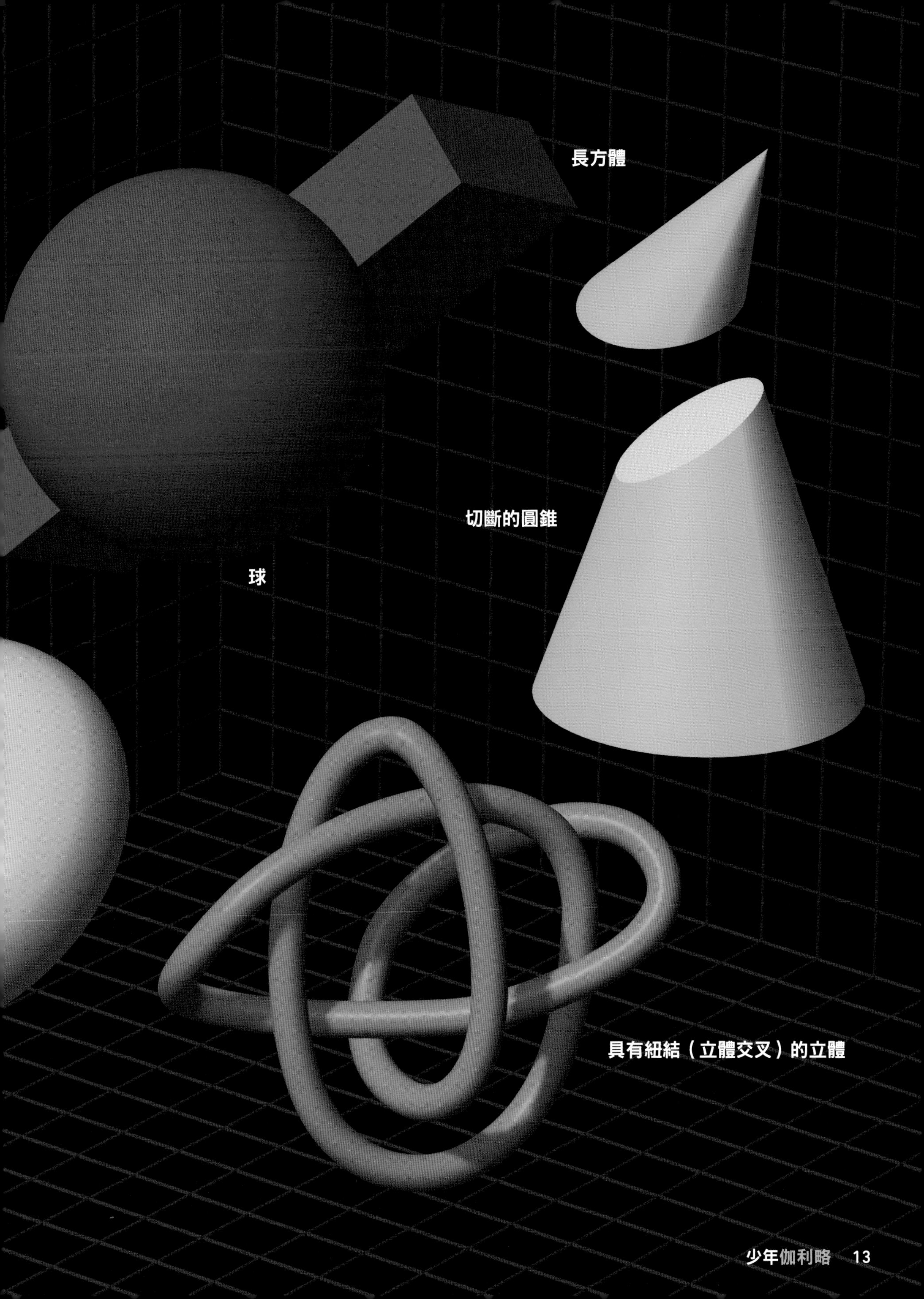
長方體
切斷的圓錐
球
具有紐結（立體交叉）的立體

2維和3維的性質

# 人體在2維空間會分成兩半？

## 這個世界由3維性質所支撐

3維「帶有貫穿孔」的這個特徵，其實對人類來說非常重要。因為，人類的身體也是「具有貫穿孔之立體」。這個貫穿的孔，當然就是指從口腔連通到肛門的消化管。

消化管是在3維容許存在，但無法在2維存在的構造。為什麼呢？因為如果在2維挖了一個貫穿身體的孔，整個身體就會截斷而分成兩半。

從受精卵製造出嬰兒身體的過程稱為「個體發生」(ontogeny)。人在個體發生的過程中有件非常重要的事，就是由多數細胞構成的團塊（胚）內部，產生了消化管原型的空洞，它的兩端貫穿到身體的外面，分別製造出口腔和肛門。但是，如果是在2維世界，則當消化管貫穿的時候，人體就會被分割為兩半。

像這樣，人的誕生，是受到3維特性的支撐。

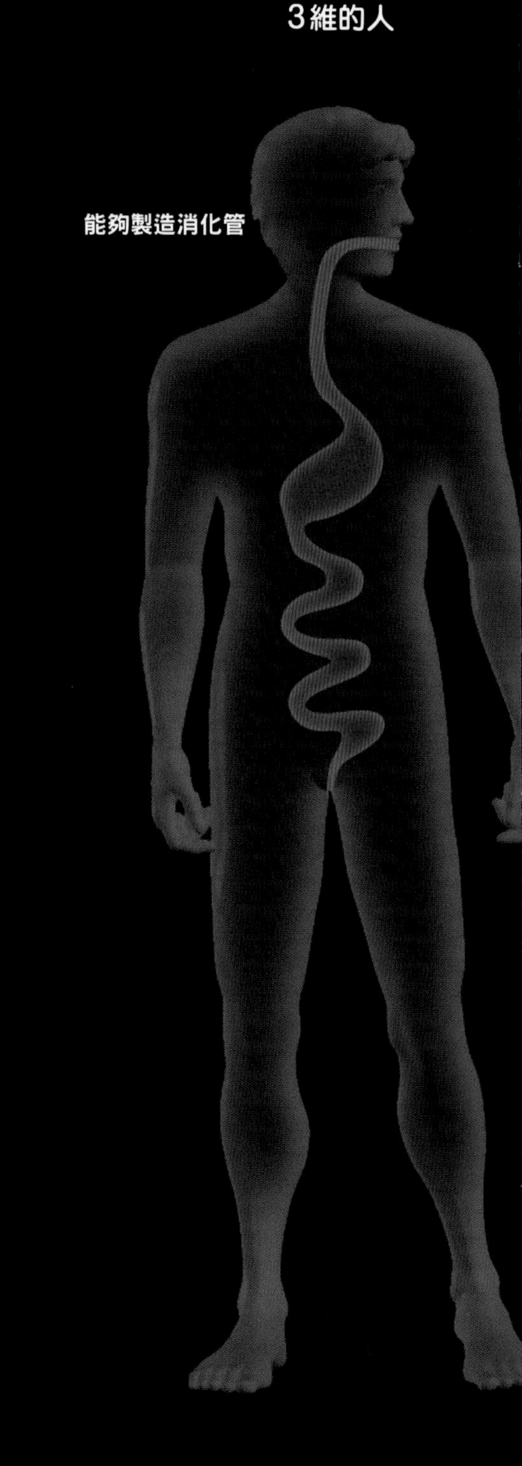

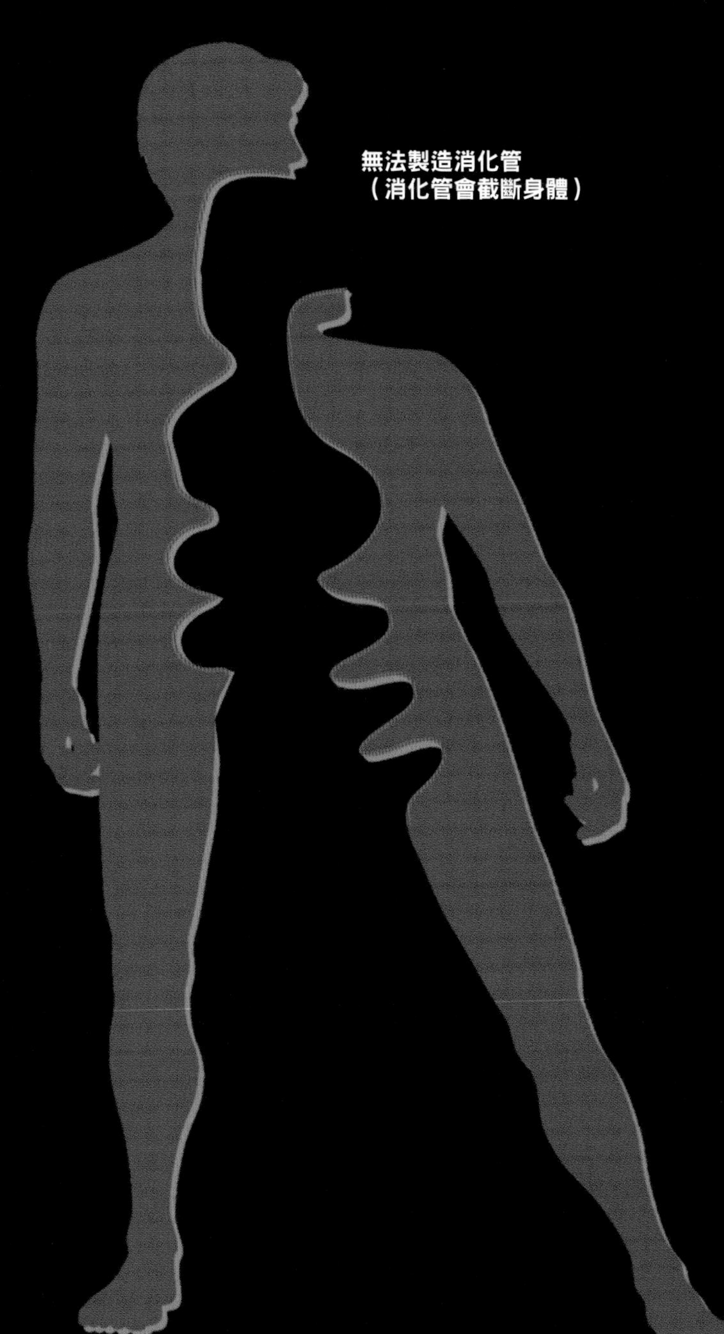


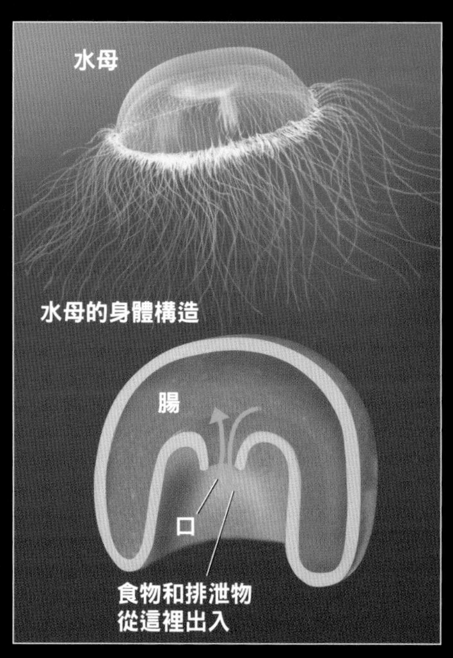

### 水母能存在於2維世界？

水母這一類生物有一個兼具口腔和肛門的洞，牠們的消化管沒有貫穿身體，在 2 維世界也不會把身體截斷成兩半，因此能以一個個體的形式存在！

2維和3維的性質

# 立體和影子的關係成為思考4維的提示

## 高維度的形狀在低維度看起來會是什麼模樣？

在這裡，要探討3維和2維之間的一個重要關係，那就是立體和影子的關係。

對3維立體照射光線，使它在2維的面上產生影子，這個影子的形狀將依原本立體的形狀而定。

不過，即使是同一個立體的影子，也會依光線照射的方向，以及立體與光源、面之間的位置關係，而產生不同的形狀，例如球的影子是圓形或橢圓形，立方體的影子是菱形或長方形

### 立體投落的影子

下方三幅插圖是從正上方照射光線時的情形。雖然原本的立體都相同，但因立體的傾斜方式不同，於是產生了菱形（左）、長方形（中）、六邊形（右）等不同形狀的影子。

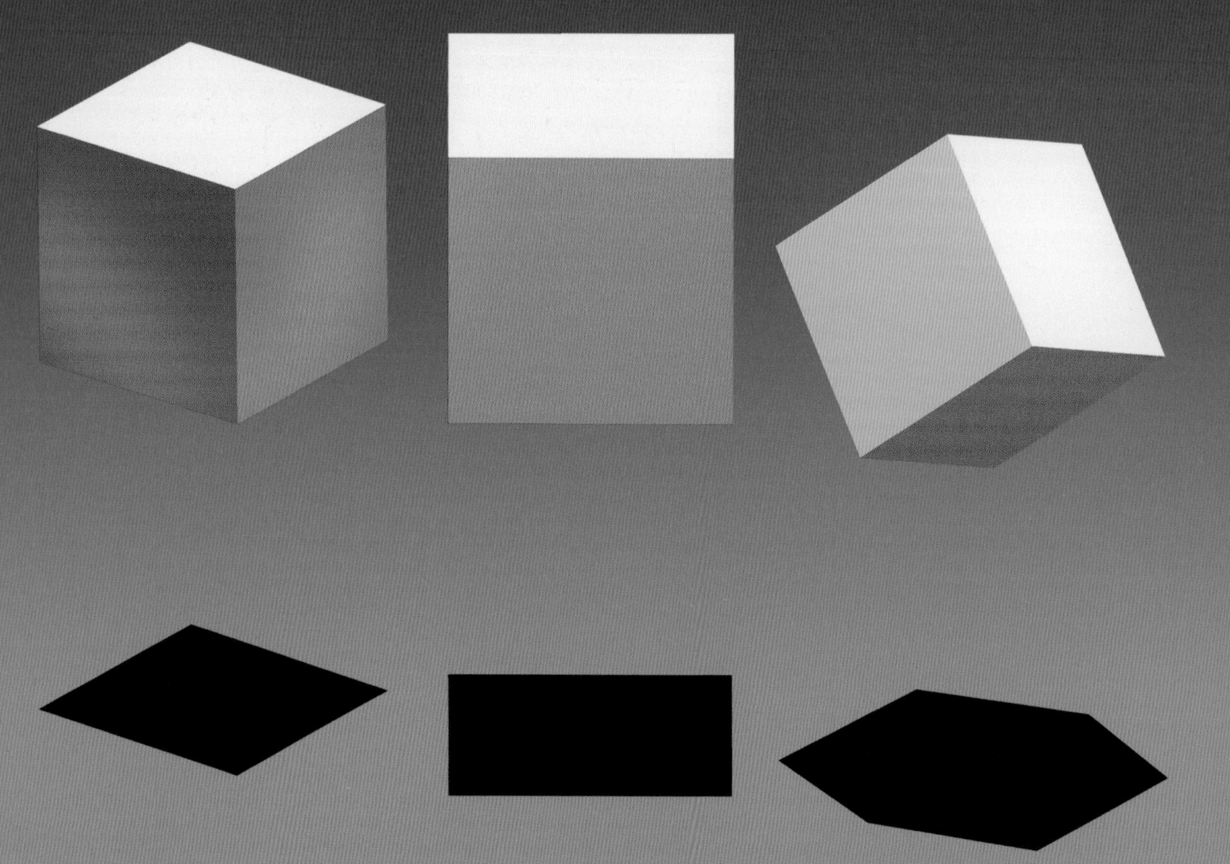

或六邊形等。因此，不能因為影子是圓形，就斷定產生這個影子的立體是球。會產生圓形影子的立體不只有球，圓柱和圓錐等立體也可以。

落在平面上的影子，只是從某個方向上觀看立體所看到的形狀而已。

那麼，把 2 維圖形投影在 1 維的直線上，會是什麼樣子呢？在這種情況下，無論原來的圖形是什麼形狀，落在直線上的影子差異都只有「長度」而已。因為只有長度的資訊，所以無法得知原本的圖形。

由此可知，高維度的立體或圖形其落在較低維度的影子裡，只含有原本立體或圖形的部分資訊而已，這就成了思考「4 維空間」的提示。

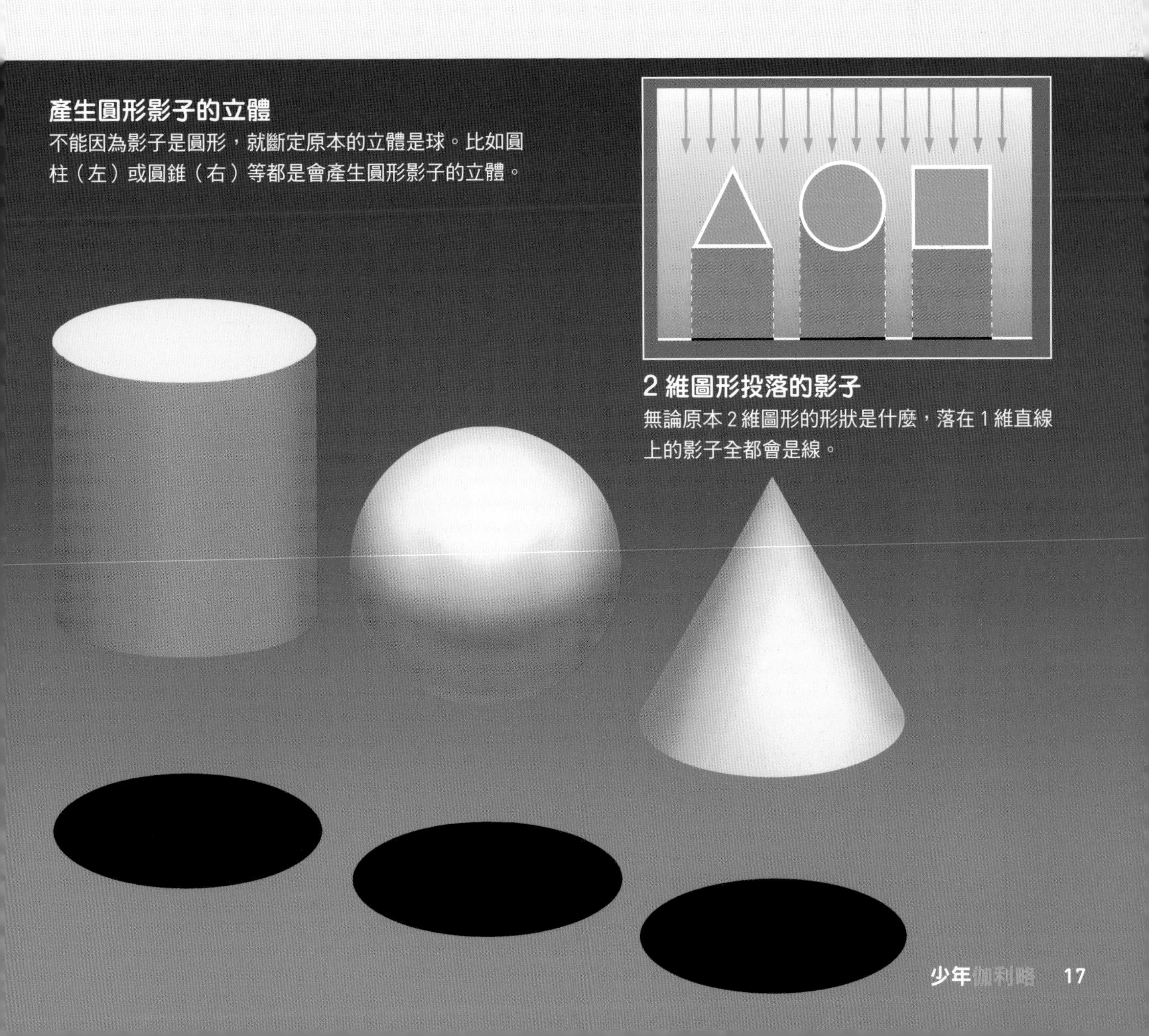

**產生圓形影子的立體**

不能因為影子是圓形，就斷定原本的立體是球。比如圓柱（左）或圓錐（右）等都是會產生圓形影子的立體。

**2 維圖形投落的影子**

無論原本 2 維圖形的形狀是什麼，落在 1 維直線上的影子全都會是線。

2維和3維的性質

# 我們看到的世界真的是3維嗎？

## 腦會從2維的投影屏幕創造出3維影像

前頁提到，影子只是呈現從某個方向映出立體時的樣貌。影子只含有原本立體的部分資訊，絕對不是呈現「立體的完整樣貌」。

甚至有一種立體，從某個方向照射光線會產生圓形影子，從另一個方向照光會產生正方形影子，再從另一個方向照光卻產生三角形影子（參照下圖）。

顯映出物體的影子，稱為「投影」。投影是只截取投影物體所具有的資訊當中，屬於較低維度的部分

**影子只是呈現立體的「側像」**

會產生圓形、三角形、正方形等各種影子的立體。映出物體影子的投影，只截取物體所具有的資訊當中，屬於較低維度的部分資訊。

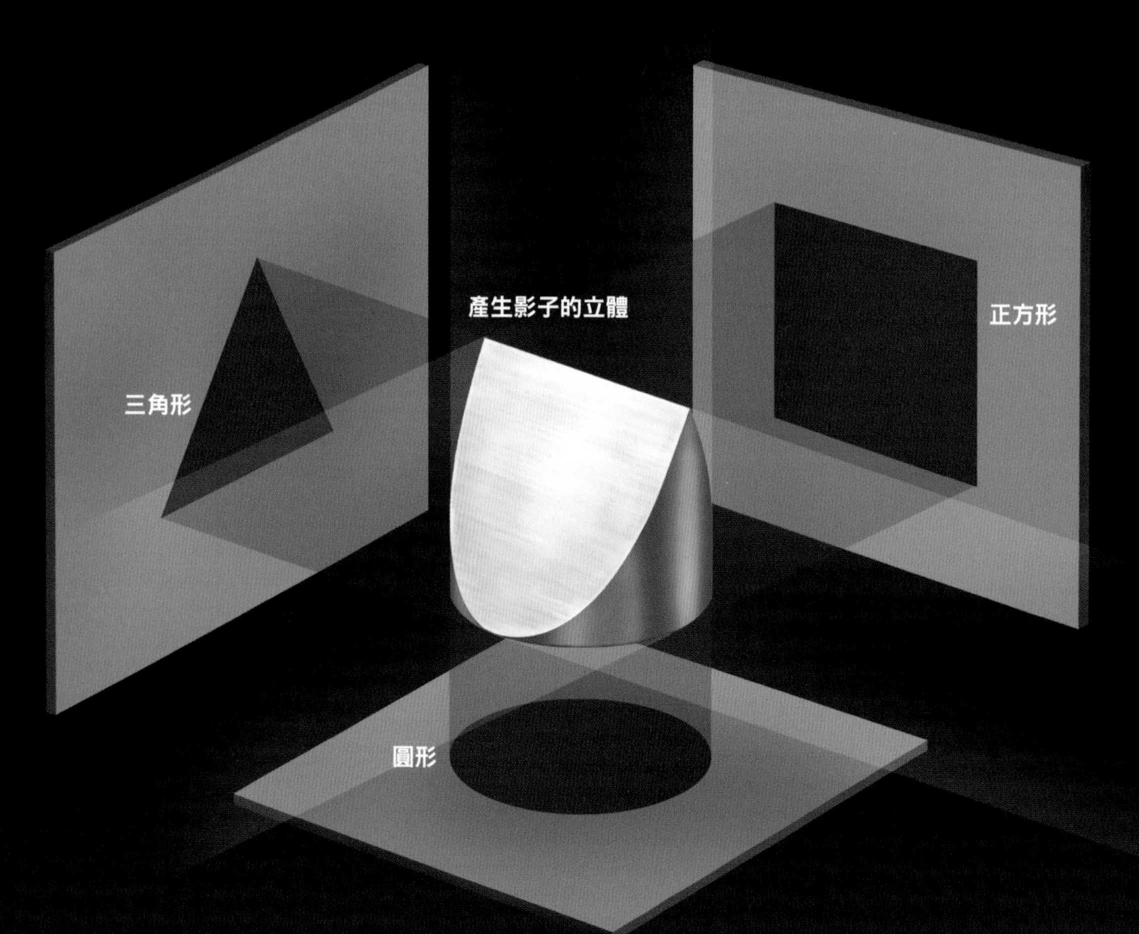

資訊。例如「測量身高」，就是從立體的身體截取高度的資訊，相當於從3維投影到1維。

事實上，觀看物體時也會發生類似的情況。分布在眼球深處的「視網膜」接收從外界照射進來的光，是「2維」的投影屏幕。因此，物體的影像是以平面的方式映在這個屏幕上。左右眼球隔了一段距離，因此映在左右兩邊屏幕上的2維影像並不相同。腦會根據左右兩邊視網膜上的影像「偏差」，補充深度方向的資訊。

我們所看到的3維影像，事實上只不過是依這種方式在腦內重新建構的「間接3維影像」。

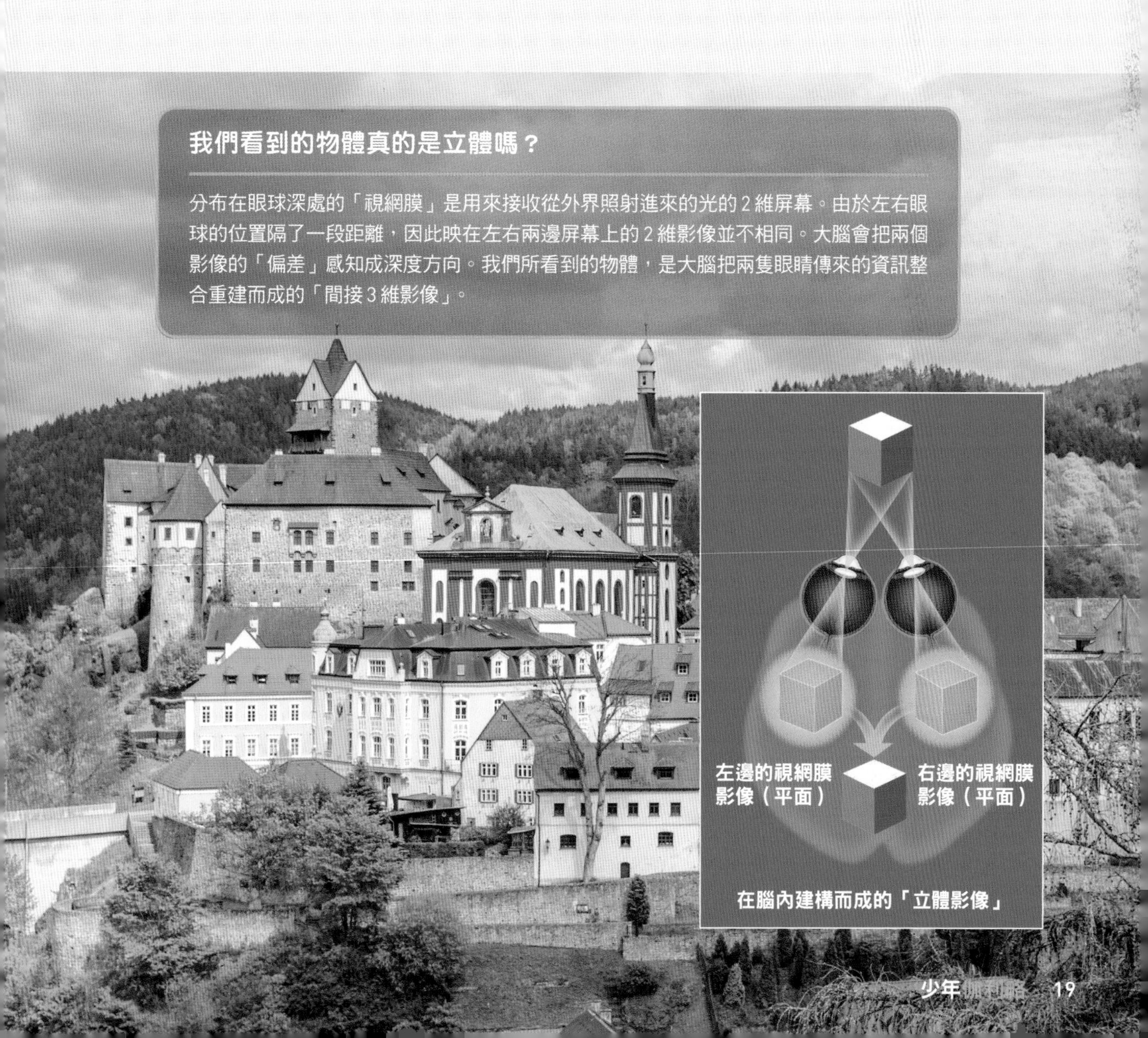


**我們看到的物體真的是立體嗎？**

分布在眼球深處的「視網膜」是用來接收從外界照射進來的光的2維屏幕。由於左右眼球的位置隔了一段距離，因此映在左右兩邊屏幕上的2維影像並不相同。大腦會把兩個影像的「偏差」感知成深度方向。我們所看到的物體，是大腦把兩隻眼睛傳來的資訊整合重建而成的「間接3維影像」。

Column

## Coffee Break

# 140年前科幻小說所描寫的2維世界

距今大約140年前的1884年，英國作家艾勃特（Edwin A. Abbott，1838～1926）發表了小說《平面國》（Flatland: A Romance of Many Dimensions），描寫居住在2維世界的主角進入不同維度世界時的遭遇。

平面國是平坦的2維世界，雖然有長度和寬度，但沒有高度。住在那裡的人們被區分為圓形、四邊形及三角

### 2維人看到的3維物體會是什麼模樣？

在2維平面上，有長度和寬度，但沒有高度。因此，就如我們無法想像長度、寬度、高度以外的方向一樣，A正方形這種生活在2維的人，也無法正確地想像具有高度的3維空間，以及存在於其中的物體。

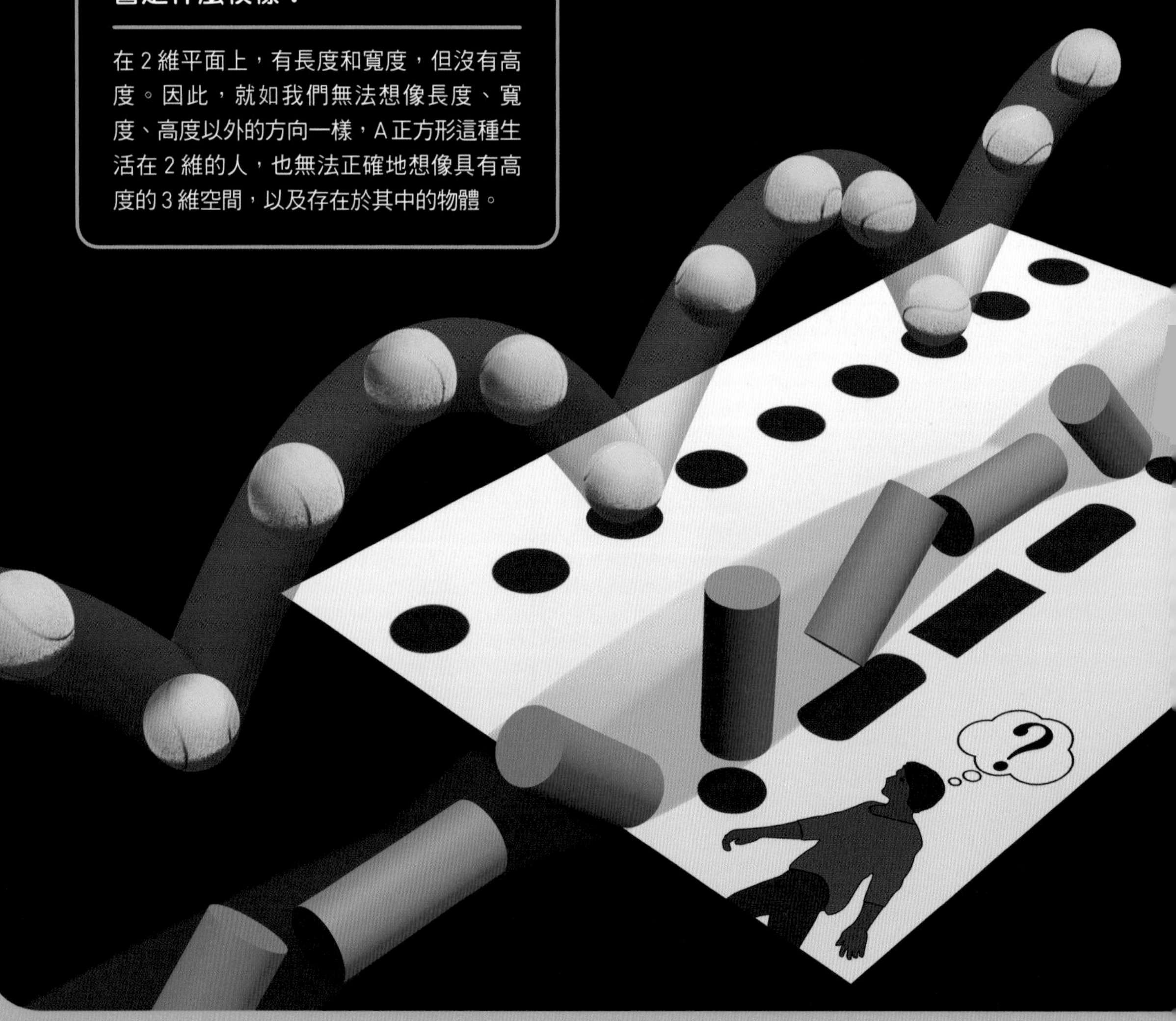

形等「形狀」，但他們無法像我們這樣看到這些「形狀」。住在平面國的人們一輩子都貼在平面上生活，所以他們只能看到點和線。

主角「A正方形」是住在平面國的數學家。有一天，他突然遇到來自3維世界的訪客「球」。球企圖向A正方形說明比2維世界更高維度的「高度」。但是，A正方形無法理解這個概念。

因此，球把A正方形帶離2維世界，前往實際的3維世界一探究竟。親眼目睹3維世界的A正方形試圖把他在那裡的體驗告訴2維世界的其他人，結果沒人相信，最後A正方形還被抓去坐牢。

就像這則故事一樣，**我們也很難理解比3維空間高1個維度的4維空間**。但務必試著想像一下，若有機會不妨找這本小說來一探究竟。

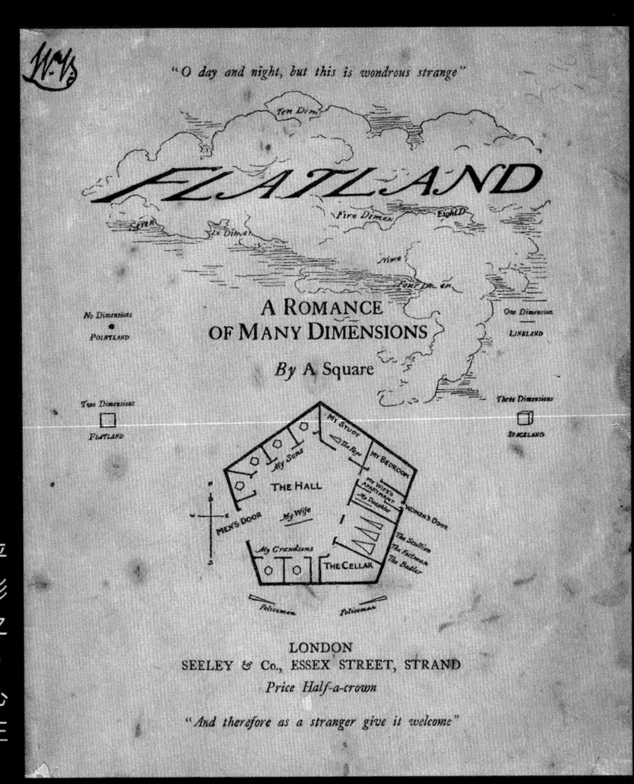


1884年發行的第一版《平面國》封面。五邊形的圖形是A正方形脫離平面國之後，親眼目睹的自家模樣。直線形的妻子在客廳裡憂心忡忡地等著不見蹤影的A正方形回來。

歡迎來到4維世界

# 維度可以隨心所欲地增加！

## 龐加萊提出之逆轉的發想是什麼

超過3維的維度真的存在嗎？事實上，利用處理形狀的數學「幾何學」可以表現出4維，甚至無限個維度。

亞里斯多德主張「立體是『完整』的，超過3維的維度並不存在」。歐幾里德接受了這個概念，在《幾何原本》中將維度定義如下。

**立體的邊緣是面。**
**面的邊緣是線。**
**線的端頭是點。**

《幾何原本》中，只有定義出立體（3維）、面（2維）、線（1維）、點（0維度）。按照歐幾里德這種從高維度（例如立體）降到低維度（例如面）的方法，永遠不會有超過立體的4維出現。

藉由「逆轉的發想」打破這個界限的人，是法國數學家龐加萊（Henri Poincaré，1854～1912）。龐加萊把歐幾里德對維度的定義反過來描述，重新定義了維度。

**邊緣為0維度（點）者，稱為1維（線）。**
**邊緣為1維者，稱為2維（面）。**
**邊緣為2維者，稱為3維（立體）。**
**邊緣為3維者，稱為4維（超立體）。**

改用這個方法，無論4維也好，5維也好，任何再多的維度都能定義出來，成為幾何學能夠處理的對象。

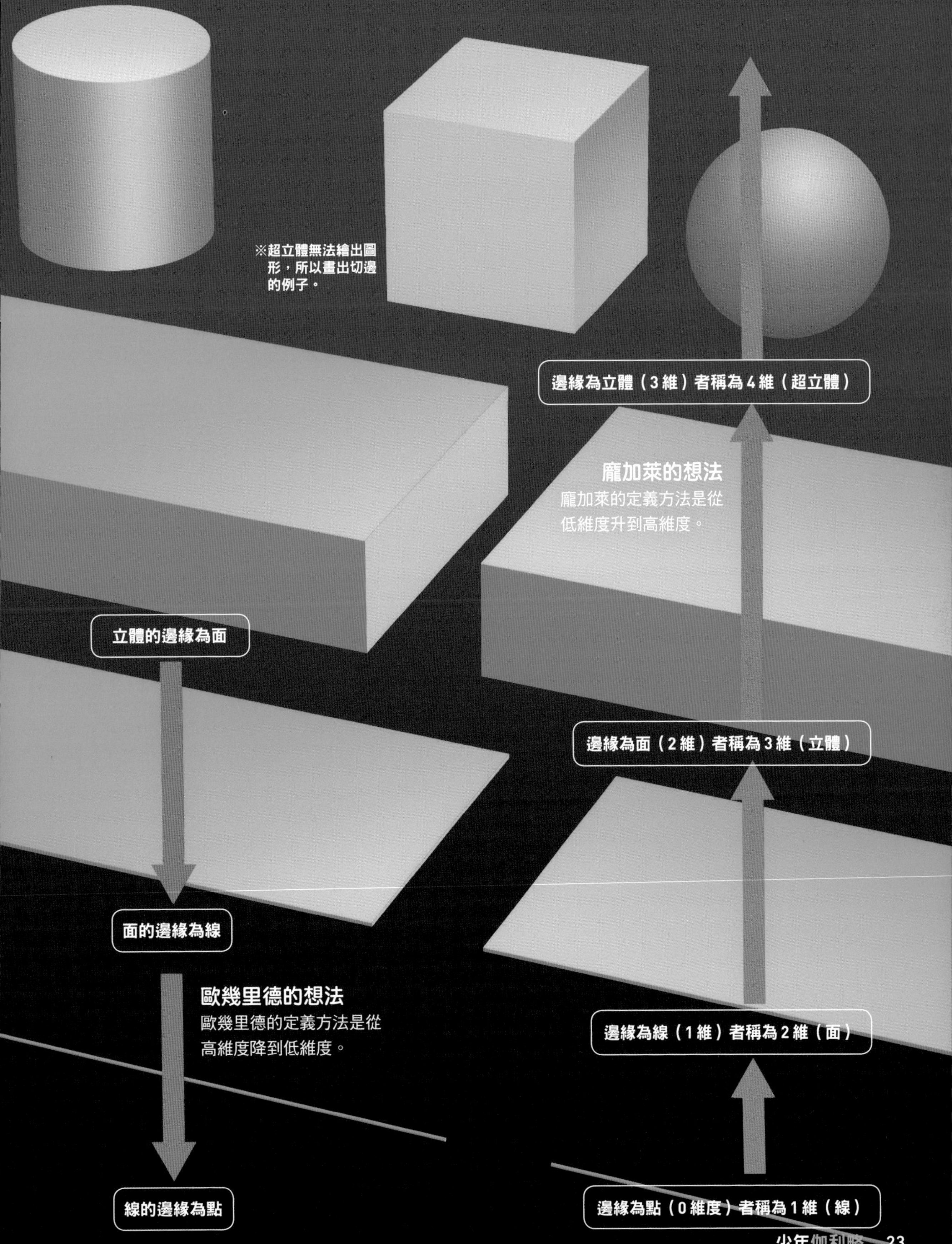

※超立體無法繪出圖形，所以畫出切邊的例子。

邊緣為立體（3維）者稱為4維（超立體）

## 龐加萊的想法

龐加萊的定義方法是從低維度升到高維度。

立體的邊緣為面

邊緣為面（2維）者稱為3維（立體）

面的邊緣為線

## 歐幾里德的想法

歐幾里德的定義方法是從高維度降到低維度。

邊緣為線（1維）者稱為2維（面）

線的邊緣為點

邊緣為點（0維度）者稱為1維（線）

歡迎來到4維世界

# 存在於4維空間的「超立方體」是什麼

## 試著從0維度依序做出高維度的圖形吧

那麼，存在於4維空間的「超立體」是什麼樣的東西呢？讓我們從龐加萊所定義的「邊緣為3維者，稱為4維」來想像一下吧！

移動點（0維度）會形成線（1維），移動線會形成面（2維）。像這樣，把某個維度的圖形朝那個維度中沒有包括的方向移動，便可以創造出比原本維度高1個維度的圖形（**1**～**3**）。依此類推，我們可以推測「把立方體移動會形成超立方體（**4**）」。

那麼，請想想看，超立方體是什麼樣子呢？線段是被2個點圍住，正方形是被4條線段圍住，立方體是被6個正方形圍住。依此類推，**超立方體應該是被8個立方體圍住**。

如果把超立方體投影到3維空間，會成為什麼樣的圖形呢（**4’**）。

**1.** 移動點會形成線段

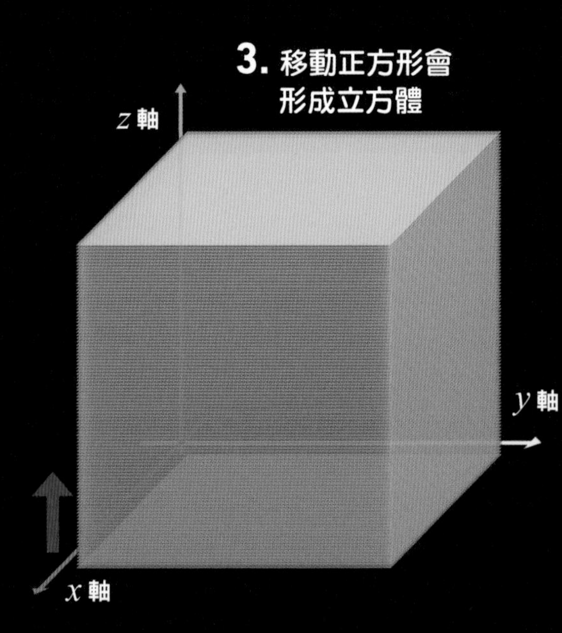


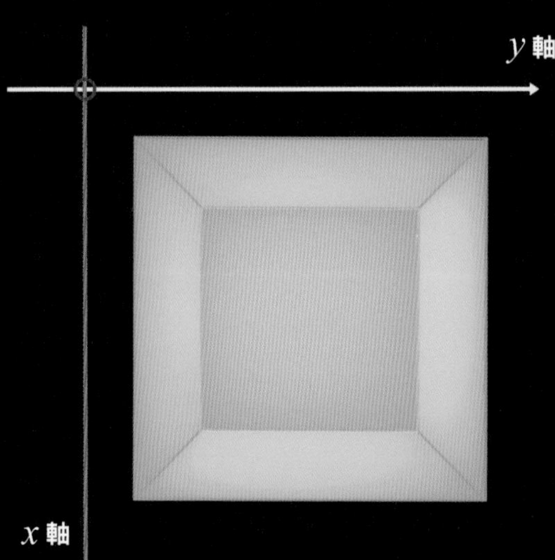


**3’.** 從$z$軸方向俯視的立方體

從正上方（**3**的$z$軸方向）俯視一般的立方體（3維立方體），可以看到小正方形的周圍有4個梯形。實際上，小正方形位於比大正方形更遠的位置，4個梯形是立方體的側面。

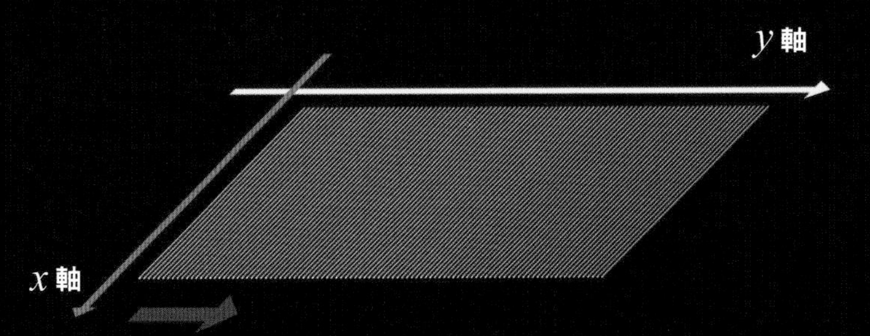


## 2. 移動線段會形成正方形

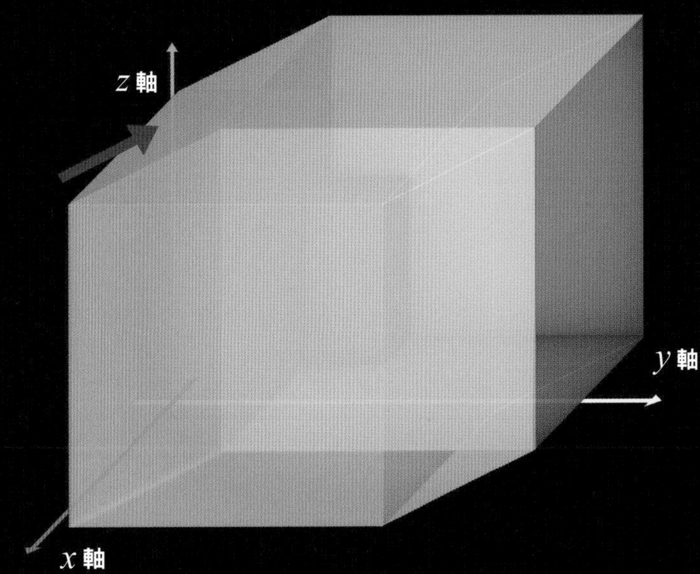


## 4. 移動立方體會形成超立方體

立方體移動的方向必須是沒有包括在3維空間內的方向（在此把這個方向設為$w$軸），所以插圖並未正確繪製。

$w$軸（第4維度的方向）

$y$ 軸

$x$ 軸

$z$ 軸

**在4維空間，能夠拉出一個與$x$軸、$y$軸、$z$軸全都垂直相交的軸。**

## 4'. 在4維空間中， 從$w$軸方向俯視的超立方體

從$w$軸方向俯視超立方體，應該可以看到小立方體被大立方體圍住，其間有6個「梯形金字塔」。實際上，小立方體比大立方體遠，梯形金字塔則是超立方體的「側面」。大小2個立方體和6個梯形金字塔在4維空間中都是相同大小的立方體。

# 把超立方體切開會得到8個立方體

## 在3維空間裡無法摺疊的奇妙展開圖

在前頁，我們思考了超立方體在3維空間的投影，這回，來想像一下超立方體的展開圖吧！

所謂的展開圖，可說是把某個維度的物體往下一個維度來表現的圖形。如果把正方形（2維）切開，會產生1條線段（1維）。如果把立方體（3維）切開，會產生由6個正方形（2維）組成的展開圖。至於超立方體（4維），它的展開圖是由8個立方體（3維）組成的立體圖形。

這樣的展開圖真是太奇妙了，但卻是合乎原理的。如果不是在4維空間，就無法把這個展開圖組合成超立方體。究竟在4維空間要如何組合呢？參考右邊的插圖來想像一下吧！

**A-1.** 3維立方體的展開圖（2維）

**A-2.** 在3維空間摺疊

**A-3.** 立方體（3維）

**把一般的立方體展開圖組合起來**

一般的立方體展開圖呈現6個正方形連在一起的形狀（**A-1**）。把這個展開圖依照白線的位置彎摺起來（**A-2**），便成為立方體（**A-3**）。

## B-1. 4維超立方體的展開圖（3維）

## B-2. 在4維空間摺疊

以粉紅色立方體為中心，把周圍6個立方體變形成為梯形金字塔。這個部分和前頁想像的超立方體的投影相同。最後，把最右邊剩下的1個立方體摺進來，彷彿蓋住整體的外側，就組成了超立方體。

## B-3. 4維超立方體（4維）

### 第8個立方體為什麼是必需的呢？

超立方體看起來是由1個正四邊形的立方體和6個梯形的立方體組合而成。在此，請回想一下前頁**3'**的圖，它看起來是由1個中央的正方形和4個梯形組成，但實際上，還有1個圍在外面的正方形面，所以展開圖必須有6個正方形。

超立方體的圖也是一樣，有1個立方體作為彷彿把整體包住的「外框」，相當於這個外框的就是展開圖最右邊的立方體。

歡迎來到4維世界

# 我們看到的4維物體會是什麼模樣？

## 如果超立方體經過我們的眼前……

4維度超立方體如果出現在我們居住的3維空間的話，看起來會是什麼模樣呢？

為了容易想像，先來思考一下3維立方體通過2維平面的情形吧！對我們來說，能夠理解那是一個立方體通過平面的場景（插圖上半）。

但是，2維居民只會知道切口的「面」。因此，當一個立方體像插圖上半這樣通過平面時，他所看到的場景應該是突然出現一個點，然後

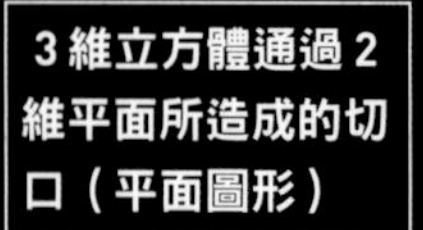


※以通過立方體中心的1條對角線垂直於2維平面的角度通過的模樣為例

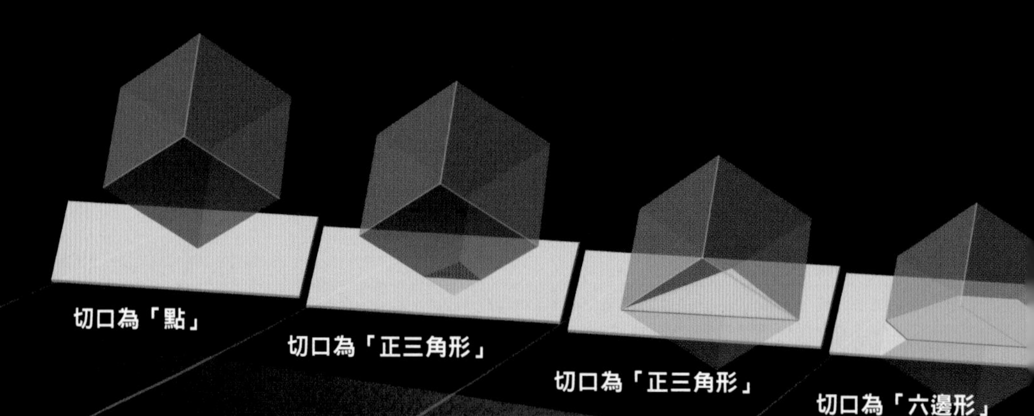

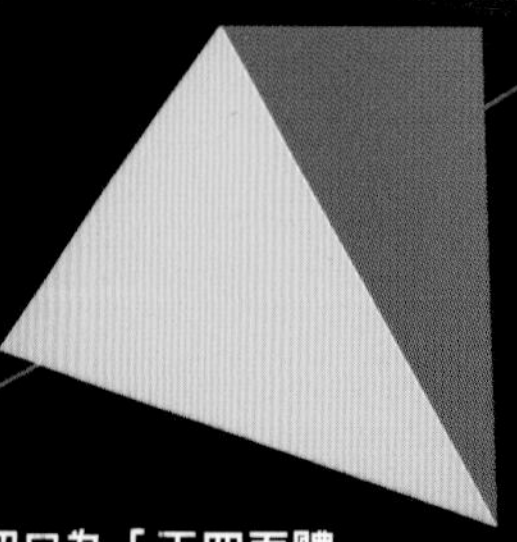

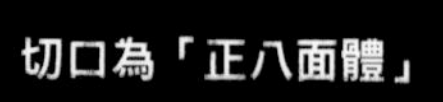


4維超立方體通過3維空間所造成的切口（立體）

※以通過超立方體中心的1條對角線「垂直於3維空間」的角度時通過的模樣

成長為正三角形，接著呈現「六邊形→正六邊形→六邊形→正三角形→點」的變化，最後消失不見。

同樣地，**當4維超立方體通過3維空間時，切口會是3維的立體**。

根據處理4維空間的幾何學，當4維超立方體以某個角度通過3維空間時，它的切口會呈現「點→正四面體→八面體→正八面體→八面體→正四面體→點」的變化（插圖下半）。

### 在3維世界看到的4維超立方體會是什麼模樣？

假設，有一個4維超立方體通過你眼前的3維空間，會是什麼場景呢？眼前會突然出現一個點，然後成長為一個正四面體，接著依序呈現八面體、正八面體、八面體、正四面體、點的變化，最後消失不見。你將會親眼目睹如此不可思議的場景！

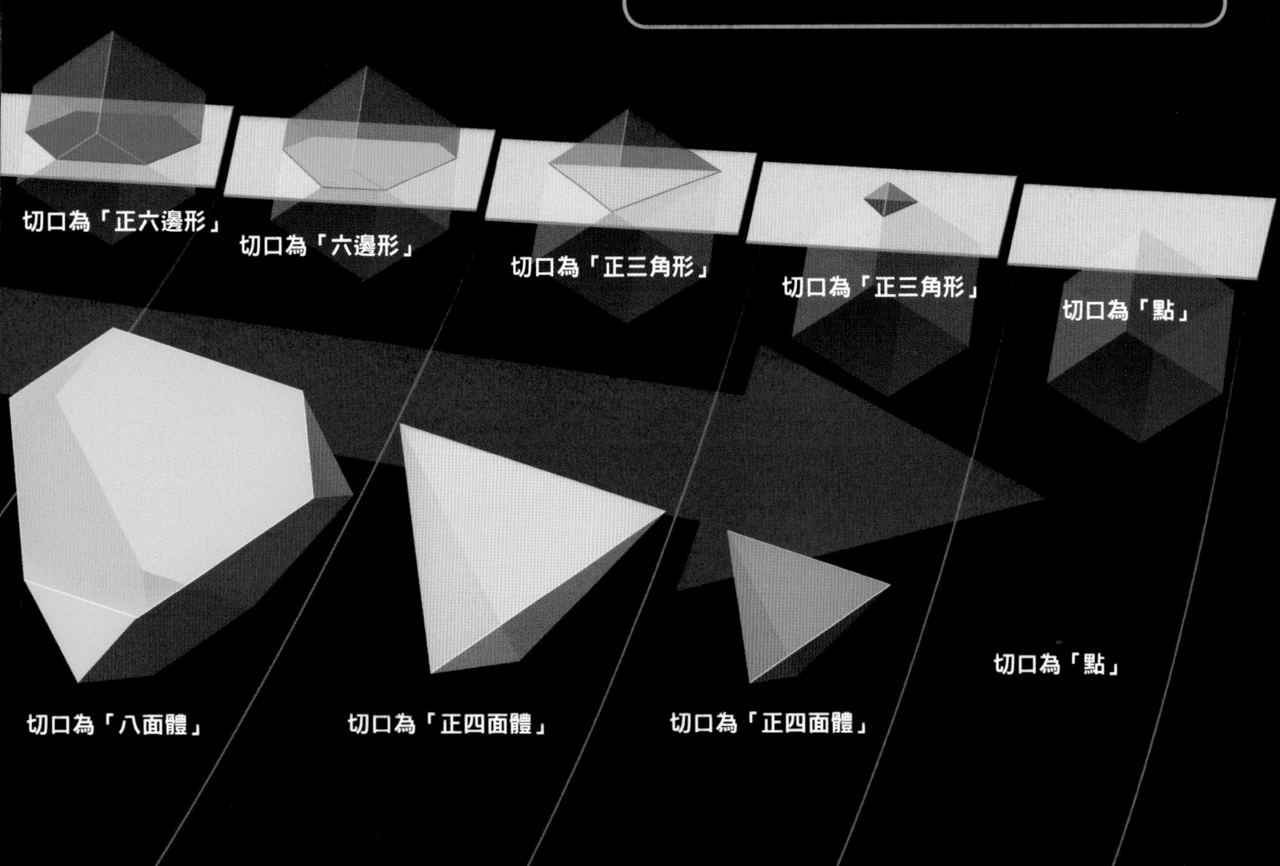

歡迎來到4維世界

# 在高維度可以做到低維度做不到的事情

## 把d變成b的方法

在數學上，能夠自由設想4維空間以及更多維度的空間。那麼，假設現實的空間是4維的話，究竟會發生什麼樣的事情呢？

首先，思考一下2維平面和3維空間吧！假設有一片平放在2維平面的文字板，上頭寫著「d」。把這片「d」文字板在2維上旋轉180度，會成為「p」（右頁下方插圖）。那麼，能不能把「d」變成「b」呢？在2維上，無論把「d」怎麼旋轉都無法變成「b」，但若利用3維就能辦到了。

把「d」文字板從2維拿起來，沿著高度方向翻轉180度，就大功告成了。這個方法即是利用了另一個更高的維度。

在下一頁，來看看把這個情形再增加1個維度，會是什麼情形吧！

### 若在3維空間翻轉文字……

把 d 這個字在 2 維上旋轉，無論怎麼轉都無法變成 b。但如果脫離 2 維，利用 3 維空間翻轉，就能變成 b了。

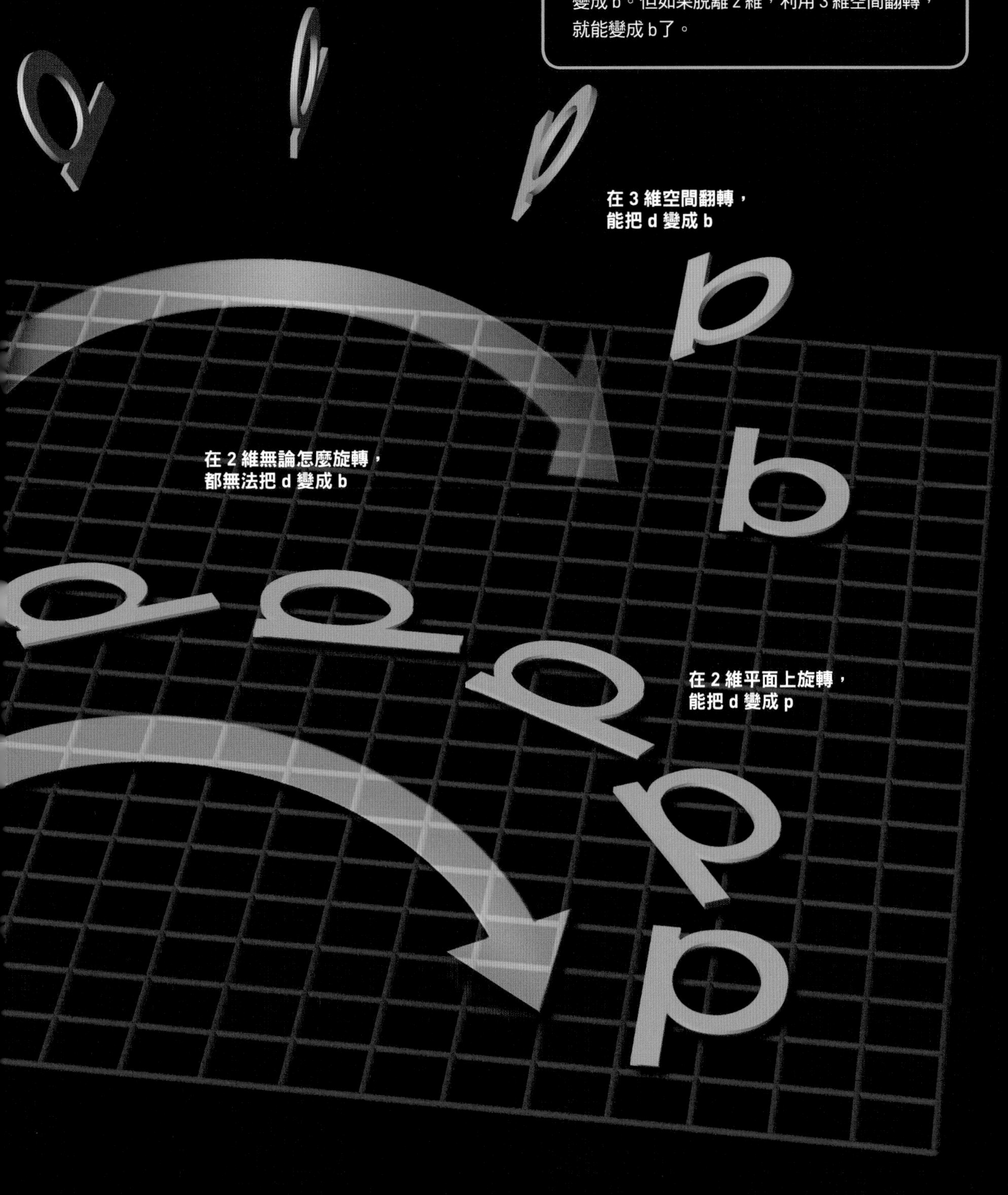

在 3 維空間翻轉，
能把 d 變成 b

在 2 維無論怎麼旋轉，
都無法把 d 變成 b

在 2 維平面上旋轉，
能把 d 變成 p

歡迎來到4維世界

# 在4維空間發生的不可思議現象

## 利用鏡子做為提示思考看看吧

鏡中的你，右手變成左手，右臉的痣變成在左臉。因此，假設鏡中的自己脫離3維世界的話，絕對無法和自己疊合（雕像的插圖）。

但是，如果能夠在4維空間移動的話，應該就能和鏡中的自己長得完全一樣。如果我們提升到4維空間，並在那裡旋轉，右手就能變成左手，右臉的痣就會移到左臉。

左右的反轉，不僅會發生在右手和左手這種大的物體上，也會發生在體內的胺基酸及葡萄糖之類的小分子。這些分子構造有「左手型」和「右手型」兩種，具有互為鏡像的關係。地球上各種生物體內的胺基酸，幾乎全都是左手型，葡萄糖則是右手型。在4維空間中，這些分子全部都會左右反轉。

4維空間就是會發生這種不可思議現象的奇妙世界。

**在4維空間翻轉立體，能使左右互換**

左右非對稱的立體在3維空間中無論怎麼旋轉，左右都不會反轉。但如果在4維空間中旋轉，則左右能夠互換。

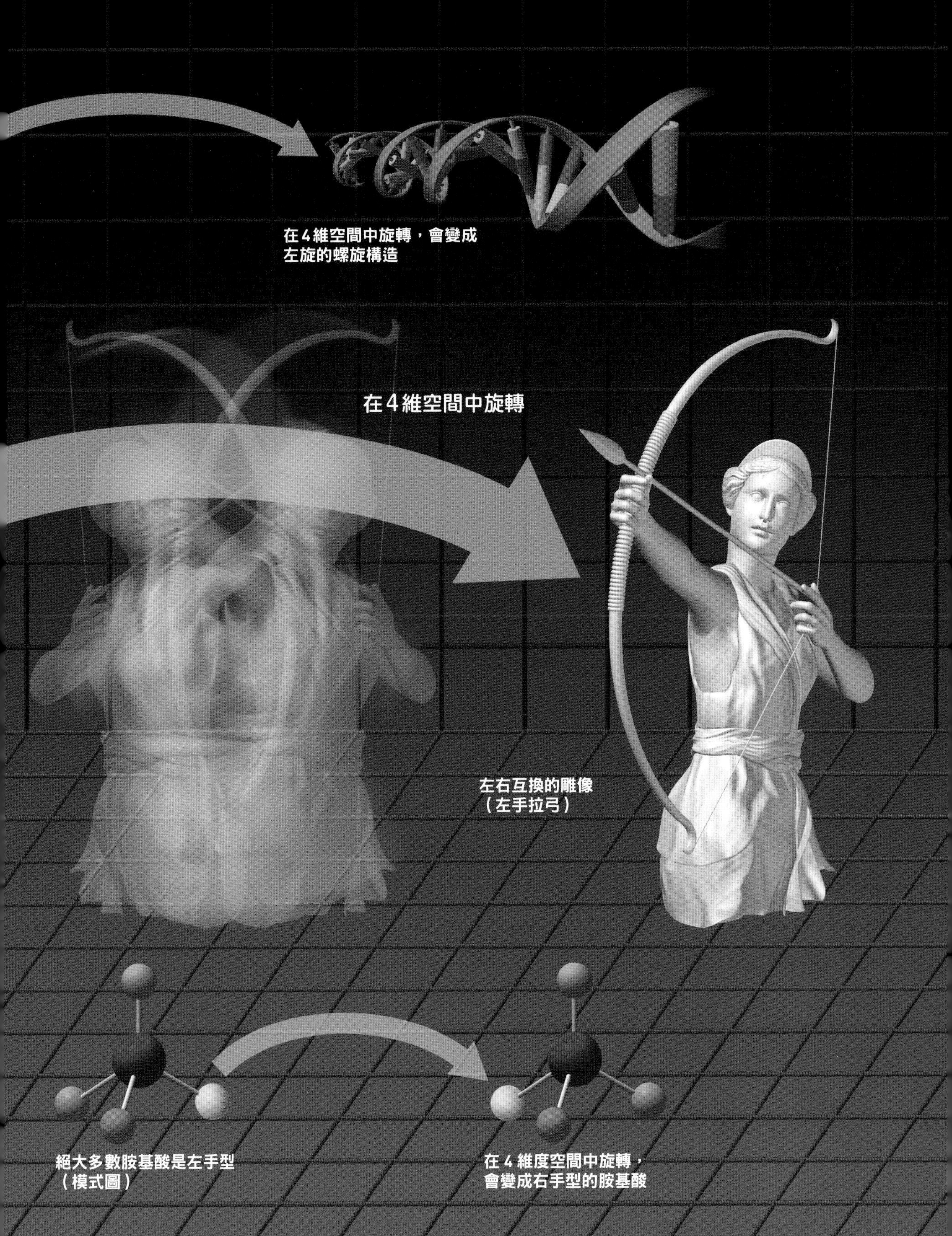
在4維空間中旋轉，會變成
左旋的螺旋構造
在4維空間中旋轉
左右互換的雕像
（左手拉弓）
絕大多數胺基酸是左手型
（模式圖）
在4維度空間中旋轉，
會變成右手型的胺基酸

Column

**Coffee Break**

# 利用維度幫助兔子掙脫牢籠吧！

在我們居住的3維空間裡，假設有隻兔子被關在籠子。而籠子的門確實緊閉，兔子照理來說無法逃脫出來。那麼，假設能夠利用4維空間的話，會是什麼情況呢？

首先，思考一下把兔子關在1維之線段上1個點的情況。這個時候，只要把點（住在1維空間的兔子）的前後堵住，就能夠把兔子關住。因為在1維的線上，方向只有前和後。但是，如果利用2維空間，兔子便能夠逃脫（**A**）。

那麼，若是把兔子關在2維的平面上呢？只要把周圍擋住就行了吧！但在這個情況下也是一樣，只要利用3維空間，兔子就能逃脫（**B**）。

1維也好，2維也好，被關住的兔子都能利用更高的維度逃脫。同樣地，在3維空間內被關住的兔子，如果能利用4維空間，應該也能從籠子逃脫（**C**）。

對於只知道3維以下的我們來說，也只能認為這真是不可思議啊！

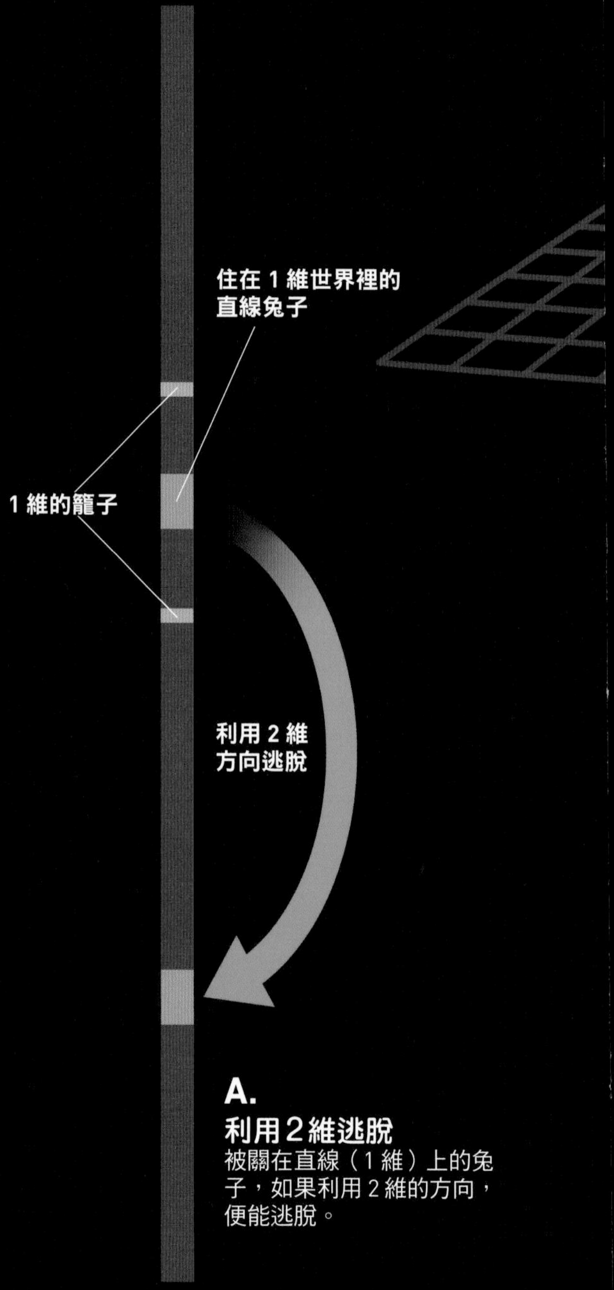

住在1維世界裡的直線兔子

1維的籠子

利用2維方向逃脫

**A.**
**利用2維逃脫**
被關在直線（1維）上的兔子，如果利用2維的方向，便能逃脫。

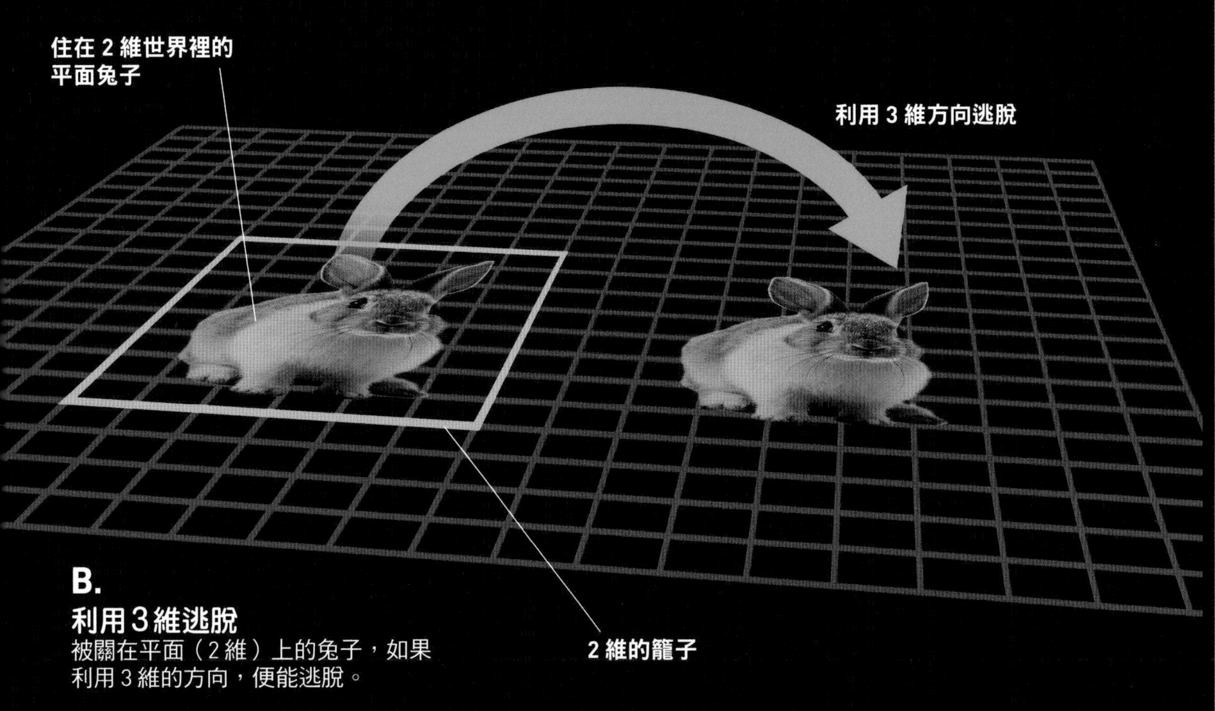


**B.**
**利用3維逃脫**
被關在平面（2 維）上的兔子，如果
利用 3 維的方向，便能逃脫。

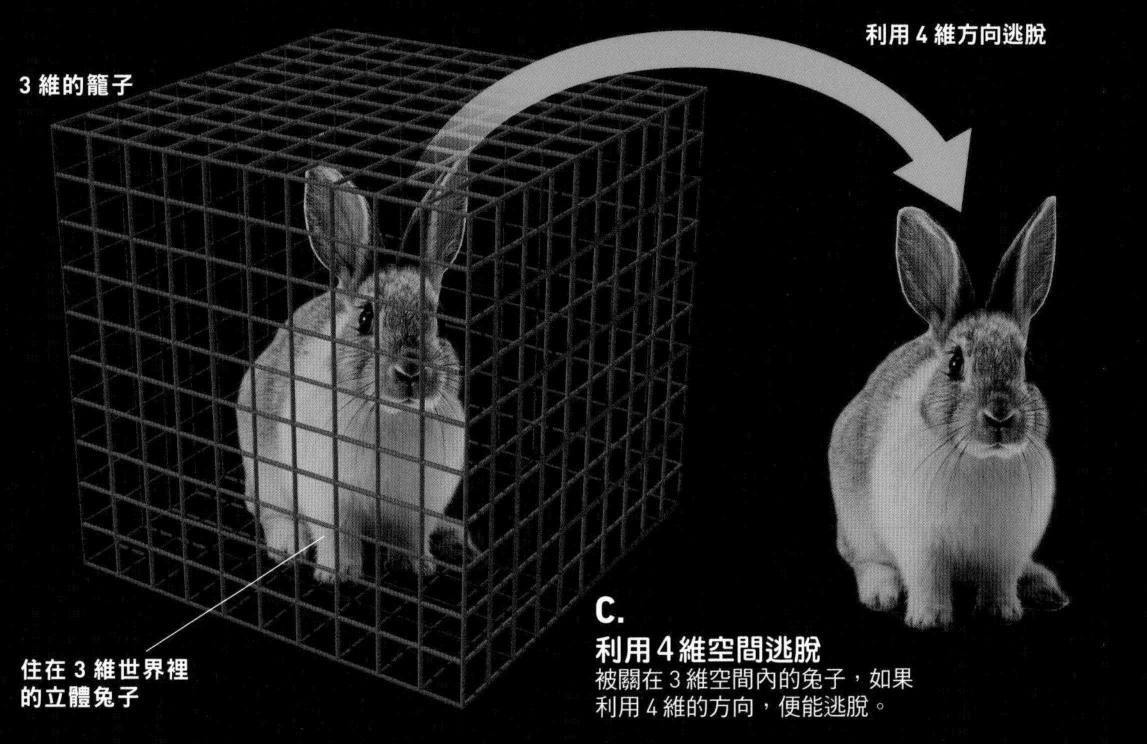


**C.**
**利用4維空間逃脫**
被關在 3 維空間內的兔子，如果
利用 4 維的方向，便能逃脫。

空間和時間無法切割

# 只憑「空間」並無法確定事物

## 無法在約好的地點碰到面的A小姐和B先生

到目前為止談的都是「空間」的各個維度。純粹就我們生活的空間來說，若是要決定 1 個點的位置，毫無疑問的只要有 3 個數值就足夠了。但可以就這樣確定「這個世界是3維」嗎？

我們來看看下面這個例子。A小姐和B小姐約好明天要見面，但到了第二天，這兩個人卻沒有碰到面，為什麼呢？因為他們雖然約好了要見面的地點，但沒有約定「時刻」。像這

樣，如果要確定某件事情，不只需要地點，也需要時刻。也就是說，除了3維空間之外，還要加上以時刻為刻度的「時間」軸作為「第4維度」。

話雖如此，時間的性質和空間有很大的不同。例如，空間是3個維度，但時間是從過去到未來的單行道，只有1個維度。此外，空間能夠自由來去，但時間無法自由來去。我們不僅無法回溯到過去，甚至連停留在現在的時刻都不行。

考慮到這樣的差異，似乎不能把「時間」和空間進行對等的處理。事實上，直到19世紀，許多物理學家只是把時間視為空間以外的另一個尺度，對時間並沒有投入更多的關注。

### 時間是單行道

正如左邊和右邊並沒有哪一邊比較好，空間的三個維度也是一樣，各個維度的正向和反向都是對等的。但是，時間的過去和未來並不對等。

過去能影響未來，但未來無法影響過去。這種單向性稱為「時矢」(time arrow)。

空間和時間無法切割

# 利用沙漏思考時間是什麼

## 無論何時，無論何地，時間都在進行嗎？

如何知道時間在進行呢？我們可以使用沙漏加以確認。不過，假設這個宇宙只有沙漏，而裡面的沙全部漏完了，那麼可以說沙漏的時間仍然在進行嗎？

古希臘哲學家亞里斯多德在他的著作《自然哲學》中，主張「時間是『運動（包含變化）的數』。運動才是真實存在的，時間只是記述運動的工具」。這個主張就是認為「沙漏裡面如果沒有沙在漏，則時間就沒有在進行」。

另一方面，英國物理學家牛頓（Isaac Newton，1642～1727）則認為「無論物體等是否在運動，這個宇宙中的時間都一直在進行」。這樣的概念稱為「絕對時間」（absolute time），也就是說「無論沙漏裡面有沒有沙在漏，時間都在進行」。

牛頓發現了萬有引力的法則及運動的法則，建立牛頓力學。

**「時間」是什麼？**

亞里斯多德認為「正在漏沙的沙漏（左），時間有在進行；但沙已經漏完的沙漏（右），時間沒有在進行」。另一方面，牛頓則認為左右兩邊沙漏的時間都在進行。

空間和時間無法切割

# 愛因斯坦捨棄了牛頓的概念

## 宇宙中只有光速是絕對的東西

前面說過，A小姐和B小姐兩人若想要約定見面，必須地點和時刻都一致才行。但是，如果「兩人的時間進行步調不同」，會怎麼樣呢？這麼一來，就算兩個人敲定了見面的時刻，能否順利碰到面，仍然是未定之數。

直到19世紀，物理學家仍認為「這樣的事情理應不會發生」。因為以當時的常識，空間和時間不會依立場等因素而有很大的差異。

但到了1905年，有一項顛覆這個常識的革命性理論問世了，那就是愛因斯坦的「狹義相對論」。

愛因斯坦在深入探討光的速率之後，主張「光的速率無論從誰來看都永遠保持一定」。他捨棄了牛頓「空間和時間是絕對的東西」的概念，認為「宇宙中只有光的速率是絕對的」。這個概念稱為「光速不變原理」。

### 什麼是光速不變原理

從靜止太空船（**1**）發出的光，速率為秒速30萬公里。那麼，從正在做等速運動的太空船（**2**和**3**）發出的光又是如何呢？或許你會以為，朝太空船行進方向發出的光，會加上太空船的速度而變快，朝反方向發出的光則會減去太空船的速率而變慢吧？但實際上，並沒有這樣變化，光的速率始終固定為秒速30萬公里。

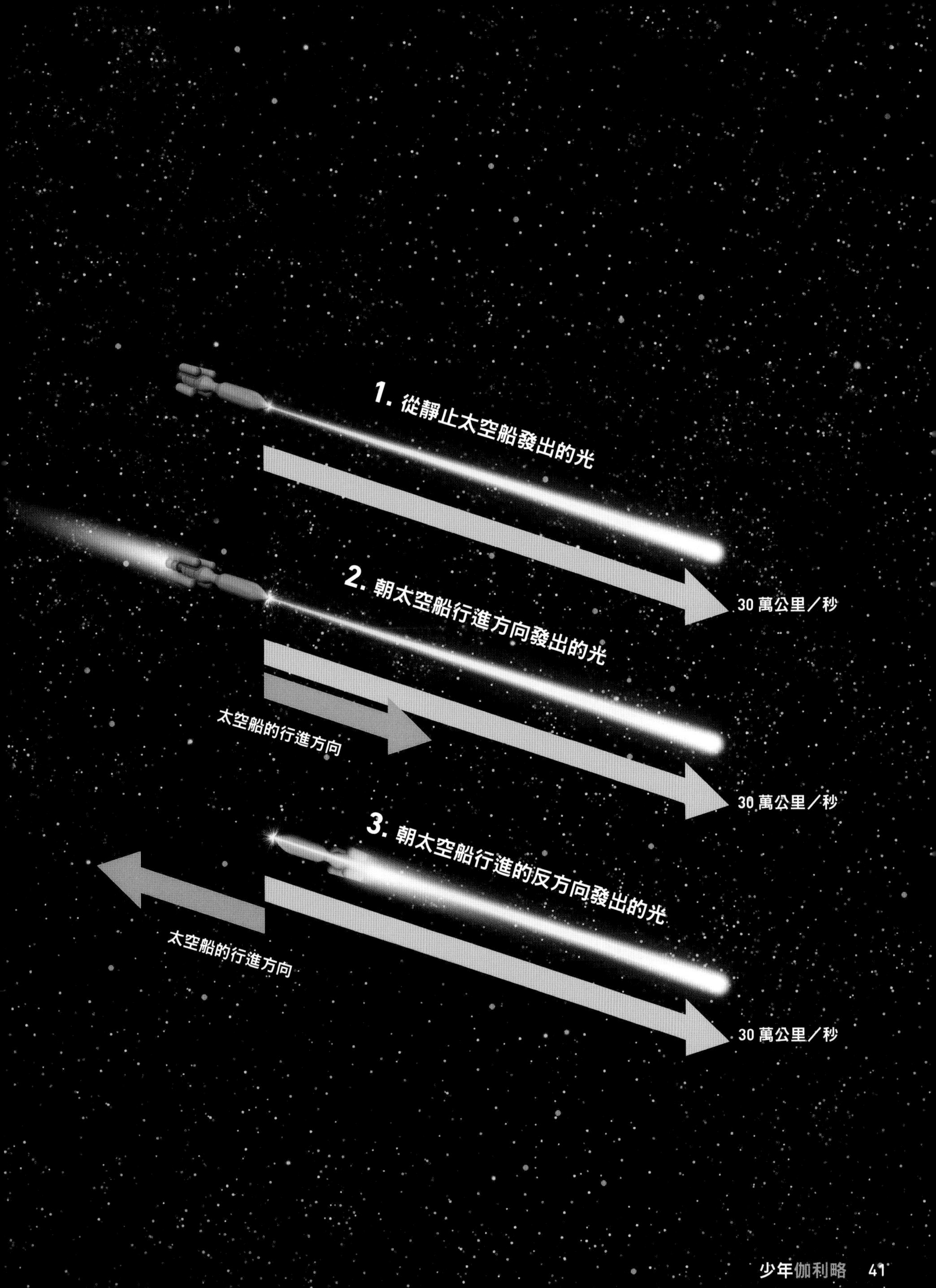

1. 從靜止太空船發出的光

30 萬公里／秒

2. 朝太空船行進方向發出的光

太空船的行進方向

30 萬公里／秒

3. 朝太空船行進的反方向發出的光

太空船的行進方向

30 萬公里／秒

空間和時間無法切割

# 空間和時間會拉長，也會縮短

## 這是狹義相對論的結論！

愛因斯坦把「光速不變原理」的概念進一步推演，得出令人驚訝的結論，那就是「依立場不同，空間和時間會拉長，也會縮短」。

若要計算速度，必須有距離（空間）和所耗費的時間這兩項數據。如果空間和時間不會變化，那麼光速就會依太空船的運動等因素而產生變化吧！但是，愛因斯坦卻主張光速是絕對的東西，反而是時間和空間的尺度會發生變化。

根據這項理論，實際上時間並不是固定不變。而且，當時間拉長或是縮短的時候，空間也必定會一起伸縮。也就是說，時間和空間具有無法分割的關係。

最早指出時間和空間無法分割的人，是德國數學家閔可夫斯基（Hermann Minkowski，1864～1909）。他把這個宇宙所具有的3維空間和1維時間視為一體，稱之為「4維時空」。

### 光的速度不會改變

若要計算速度，必須有距離（空間）和所耗費的時間這兩項數據。

**速度＝距離（空間）÷時間**

愛因斯坦提出「光速不變原理」，主張光速是絕對的，空間和時間則會拉長或縮短。

## 「時間會延遲」是怎麼回事？

假設有一名靜止的太空人（B）正在觀看以高速運動的太空船內的人（A）手上的時鐘。A和B兩人都有一個光時鐘，都把光從下面抵達上面時的時間定為1秒。

在B的眼中，A的光時鐘從下面發出的光抵達上面的期間，太空船由左往右移動。因此，在B的眼中，從A的光時鐘下面發出的光斜斜地往上行進，和B的光時鐘相比，光的行進距離拉長了。

B的光時鐘經過1秒的時候，A的光時鐘看起來還不到1秒。也就是說，坐在太空船裡面的A和靜止的B相比，時間變得延遲了。

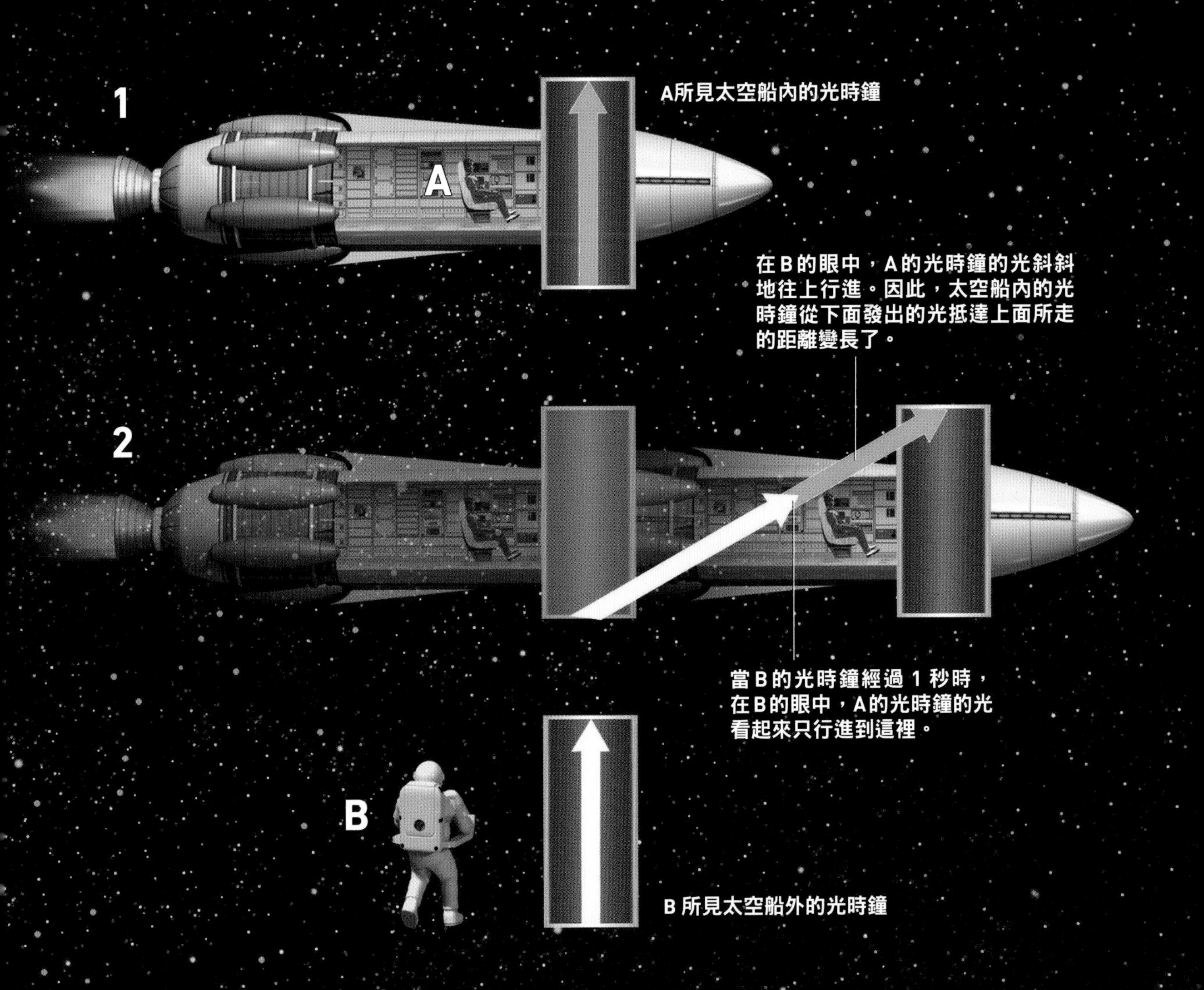

空間和時間無法切割

# 把時空畫成圖會是什麼模樣？

## 整合空間和時間的 4維時空是什麼

把具有長、寬、高三個方向軸的3維空間，再加上時間軸的 1 個維度，就可以畫成如下方所示的圖。這是表示「4 維時空」時空圖的一個例子。

不過在繪製時空圖時，為了畫成3維的圖，大多從空間省略掉高度方向的 1 個維度，而以 2 維的平面來取代，也就是以「3 維時空」來表示4 維時空。而在以 2 維表示空間的垂

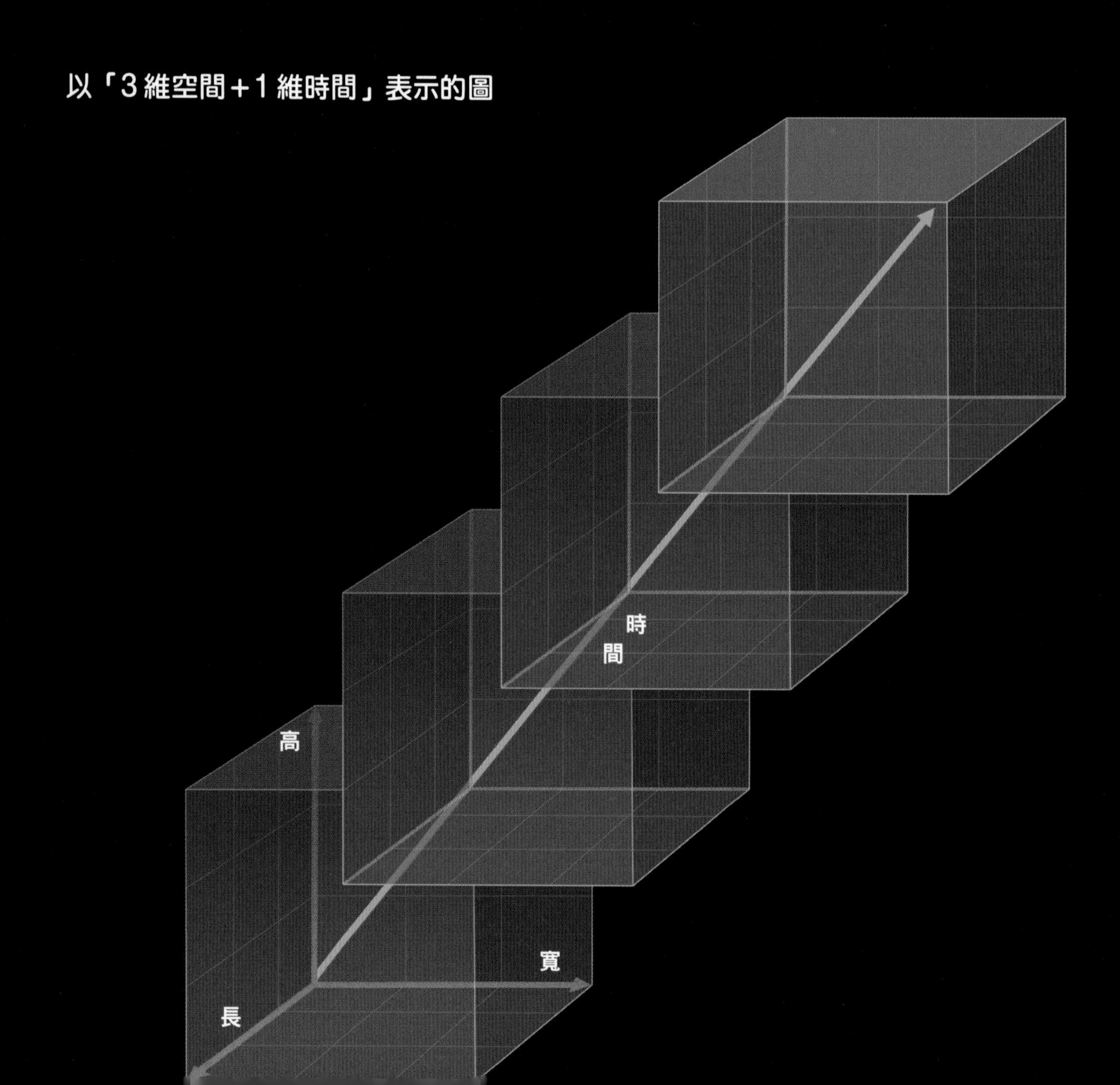

直方向上，加入時間軸。這個時候，「時矢」是由下往上。也就是說，把時間軸設定成時間由下（過去）往上（未來）進行。

右頁插圖就是依照這種方式繪製的時空圖。如果物體在空間中靜止，則即使時間經過，位置仍然不會變化。另一方面，如果是運動中的物體，則它的位置會一直變化。

例如，右頁插圖即為一輛進行等速移動之汽車的時空圖。若是以等間隔劃分時間，則汽車在各個平面之間都移動了相同的距離。把各個平面的汽車（點）連結起來，便可以畫成一條直線。

以「2維空間+1維時間」表示的圖（以等速移動的汽車為例）

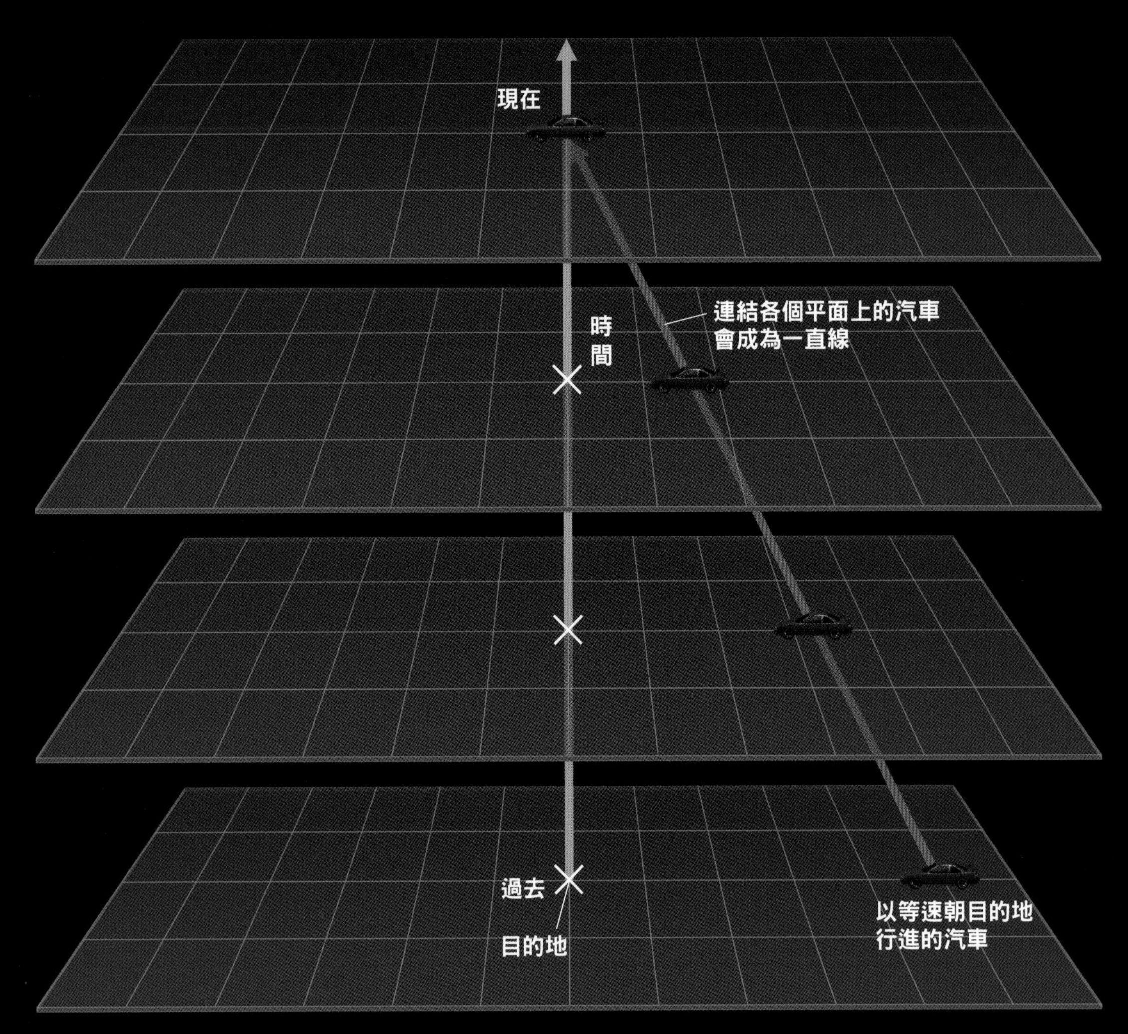

空間和時間無法切割

# 在時空圖上呈現出太陽、地球的運動

## 以2維表示3維有什麼優點？

要把地球環繞太陽公轉的情景畫成插圖時，大多是畫成像圖**1**的模樣。太陽位於中心，地球的軌道為圓形（實際上畫成稍微扭曲的橢圓形）。

如果利用時空圖來描繪此情景，則會畫成像圖**2**這樣。假設以太陽為基準，由於太陽不動，所以它的軌跡是由下往上的直線。地球的公轉會在宇宙空間內做圓周運動，所以會呈現往上（未來）捲動的螺旋狀。

時空圖還有其他的畫法，例如橫向為1維空間，縱向為時間。如果採取這樣的畫法，則地球的公轉運動會成為像圖**3**的模樣。

由此可知，當我們要把4維以上的世界可視化的時候，「以2維平面來代表3維空間」是非常重要的手法。

**1.** 一般呈現地球公轉的圖形

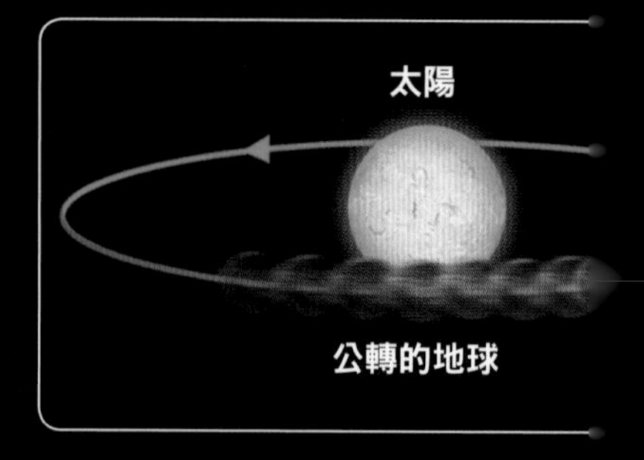


**3.** 以1維表示空間的時空圖

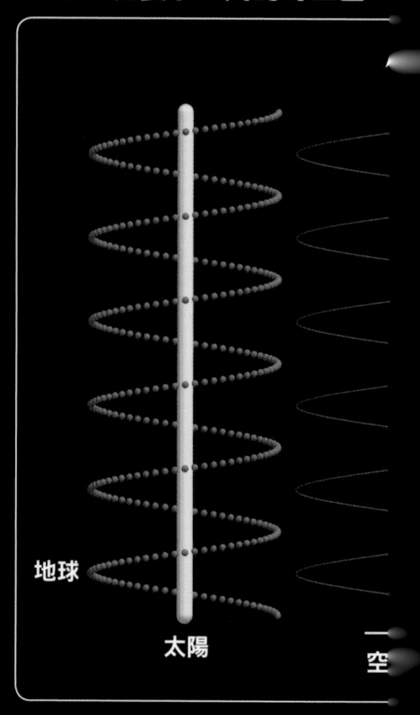

## 2.以「時空圖」呈現的地球公轉

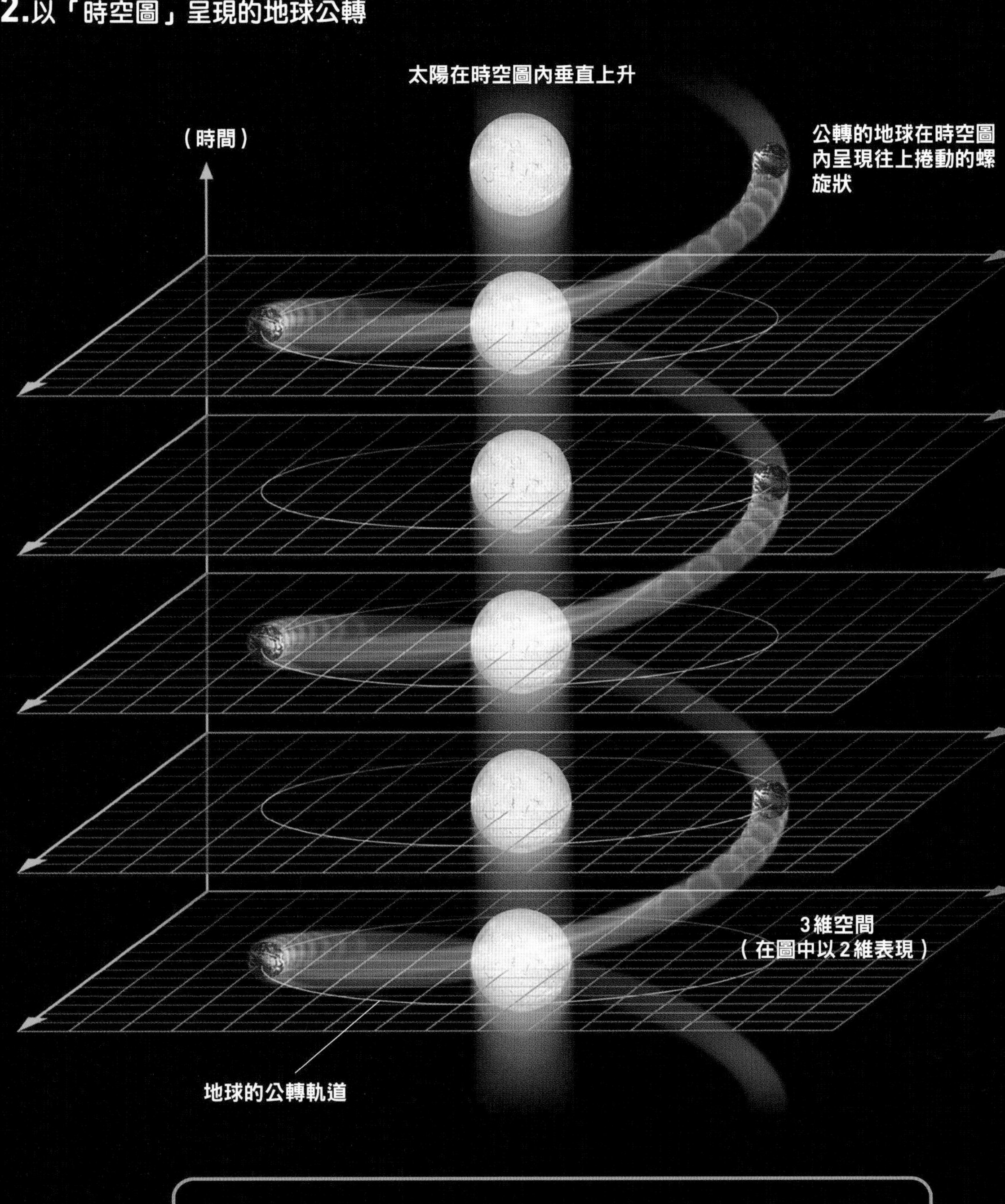


### 利用「時空圖」觀察 4 維時空

時空圖是以 2 維平面取代 3 維空間，並在以 2 維表示的空間之垂直方向上加入時間軸。此時，「時矢」是由下往上。也就是說，把時間軸設定為由下（過去）往上（未來）進行。利用時空圖描繪地球的公轉，會呈現往上（未來）捲動的螺旋狀模樣。

空間和時間無法切割

# 利用時空圖描繪光速會成為圓錐

## 所有運動都無法超越光速

狹義相對論只把光速做為絕對的基準。德國數學家閔可夫斯基則畫出以光速為基準的時空圖，稱為「閔可夫斯基圖」。

在這閔可夫斯基圖中，訂定時間軸的1個刻度為1年，空間軸的1個刻度為1光年（光行進1年所走的距離）。在這個狀況下，時間軸和空間軸的刻度間隔相同。

想像一下，從宇宙中某個天體發出的光。因為光速固定（秒速約30萬公里），所以光在1秒後會抵達半徑約30萬公里的圓周，2秒後會抵達半徑約60萬公里的圓周。把這個情景描繪在閔可夫斯基圖上，就會成為右圖的模樣。

光行進的軌跡會呈現傾斜45度的圓錐，這個圓錐就稱為「光錐」（light cone）。

### 所有事物都包含在光錐的內側

所有物體的運動都無法超越光速。而且，也不會有任何資訊的傳送速度能超越光速，因此「會影響現在（圖中的原點）的過去事件」和「現在會影響未來的事件」全部都包含在光錐的內部。

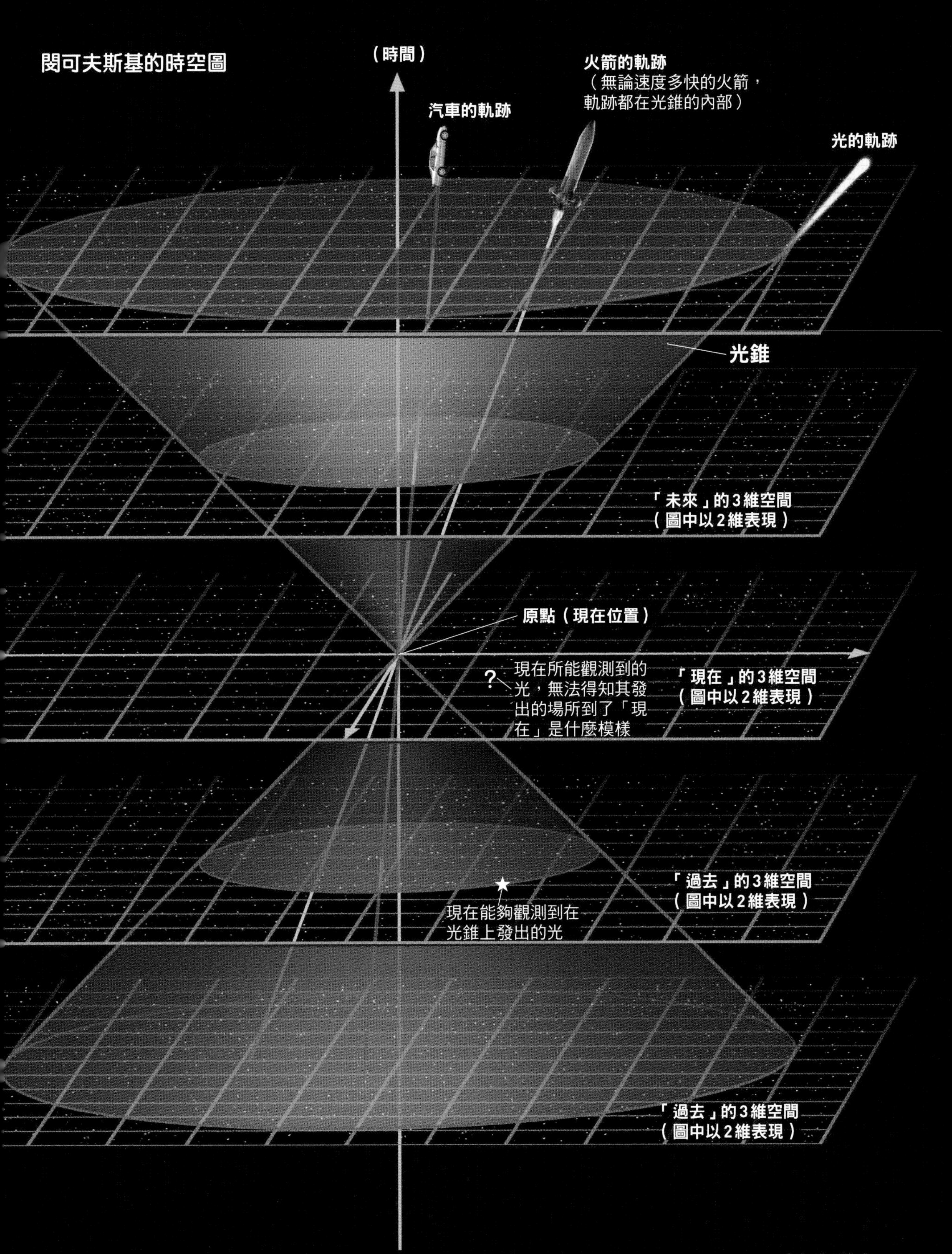
閔可夫斯基的時空圖
（時間）
汽車的軌跡
火箭的軌跡
（無論速度多快的火箭，
軌跡都在光錐的內部）
光的軌跡
光錐
「未來」的3維空間
（圖中以2維表現）
原點（現在位置）
?
現在所能觀測到的
光，無法得知其發
出的場所到了「現
在」是什麼模樣
「現在」的3維空間
（圖中以2維表現）
「過去」的3維空間
（圖中以2維表現）
★
現在能夠觀測到在
光錐上發出的光
「過去」的3維空間
（圖中以2維表現）

空間和時間無法切割

# 空間和時間會扭曲！

## 以 2 維時空看太空船是什麼模樣

現在，假設從一座在宇宙空間中靜止的太空站，觀看一架以接近光速的速度做等速運動的太空船（圖 **1**）。這時，太空船隨著時間的經過而慢慢地往右邊移動。

在某個時刻，從太空船的中央同時朝前後各發出一道光。從靜止的太空站看去，朝後方發出的光先抵達太空船的後端（**2-A**），朝前方發出的光稍後才抵達太空船的前端（**2-B**）。

但是，根據狹義相對論，光速無論

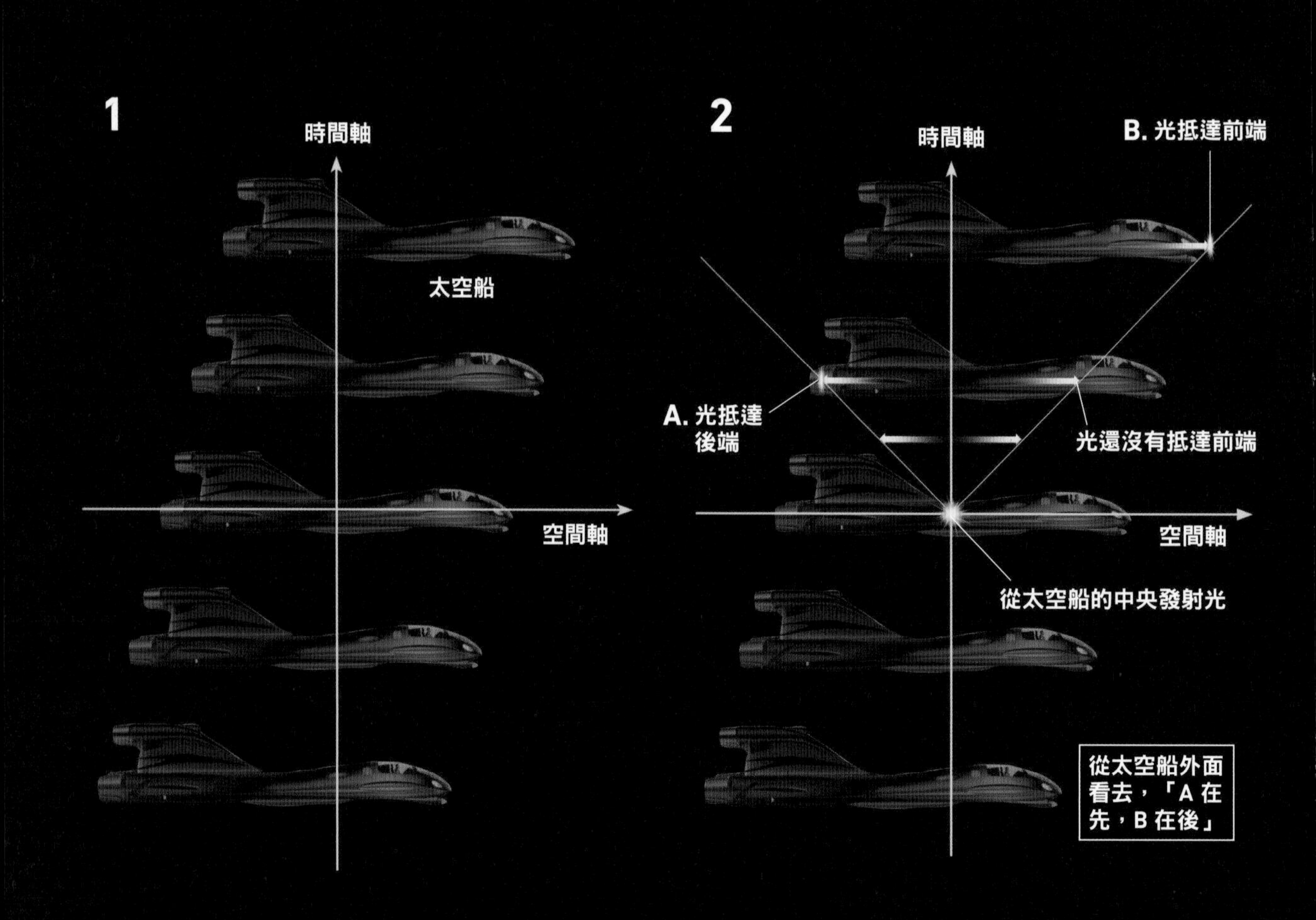


**從太空站角度觀看的時空圖**

從做等速運動的太空船中央發出光，光會先抵達後端（**A**），稍後才抵達前端（**B**）。

對誰來說都不變（光速不變原理）。這麼說來，對太空船內的觀測者而言，這兩道光應該會同時分別抵達太空船的前端和後端。

如果利用時空圖來表示這個現象（圖3），則太空船看起來好像拉長了。由此可知，太空船內的時間軸和空間軸扭曲了（圖 3 的綠線）。也就是說，在太空船的內部和外面，時間及空間的基準（圖中的坐標軸）變得不同。

這是根據狹義相對論所衍生出來的結論。

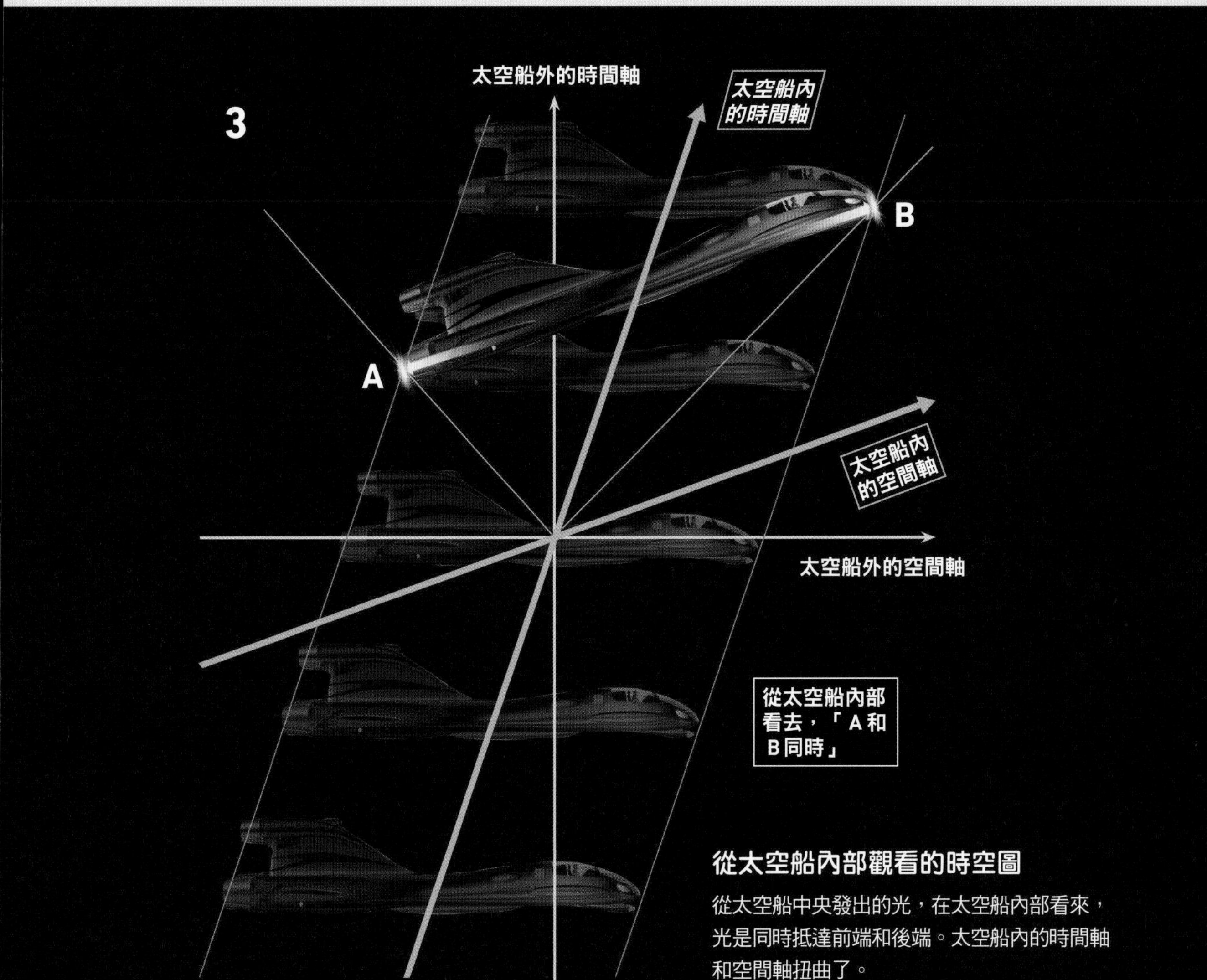


### 從太空船內部觀看的時空圖

從太空船中央發出的光，在太空船內部看來，光是同時抵達前端和後端。太空船內的時間軸和空間軸扭曲了。

# 若時間是2維

「空間有3個以上的維度，時間卻只有1個維度？」或許也有人抱持這樣的疑問吧！

研究者當中也有人認為在極微觀的領域裡，有2維以上的時間存在。但至少在我們視線所及的世界裡，如果時間有2個以上的維度，將會發生非常不合理的情形，那就是無法區別過去和未來。

假設時間是1維的線，並且訂定線中的某1點為「現在」。這麼一來，

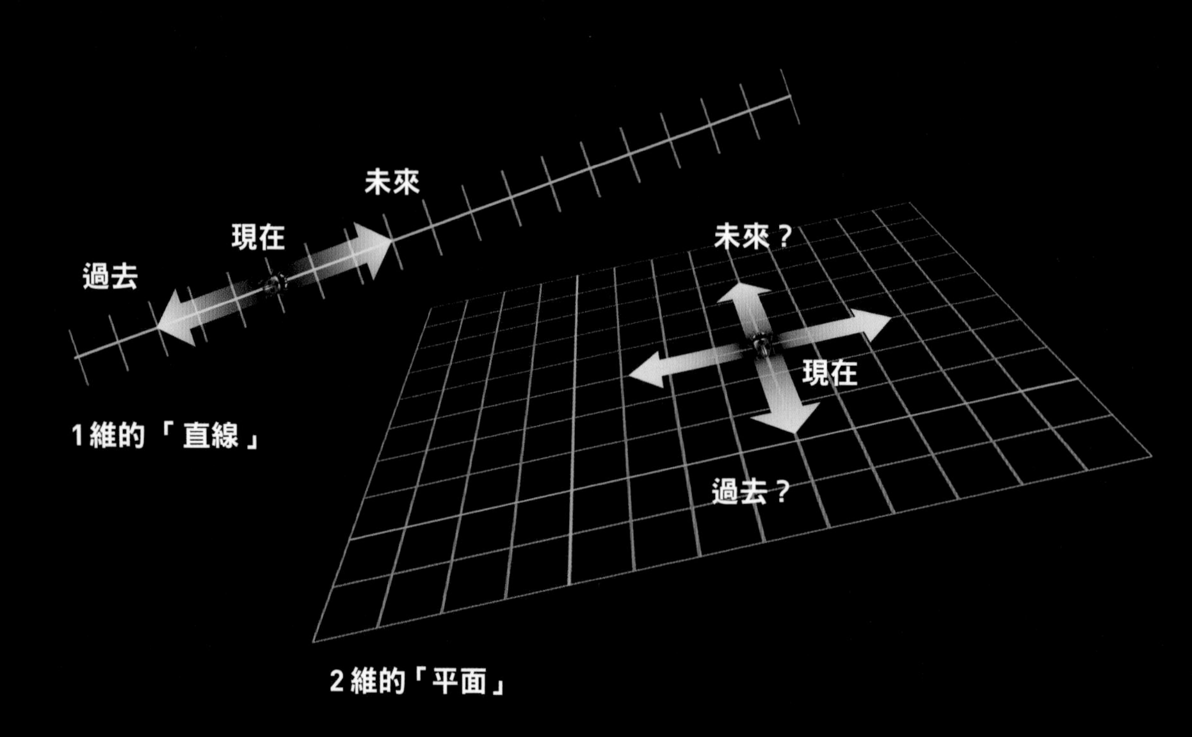

比它更前面的區段為「過去」，比它更後面的區段就是「未來」。過去的區段和未來的區域便以「現在」這個點為分界，很明確地區分開來。

倘若時間是 2 維，會變成什麼情況呢？假設時間是 2 維的面，並且訂定面上的某 1 點為「現在」。在現在這個點的周圍，分布著現在以外的時間（過去和未來）。因此，哪個區域是過去，哪個區域是未來，並無法明確地區別。也就是說，在具有 2 個以上維度的時間中，過去和未來無法分離，而是會交叉。

如果能夠回到過去的話，由原因造成結果的「因果律」就會遭到破壞。

可以說，正因為這個宇宙中進行的時間是 1 維，所以因果律才能成立。

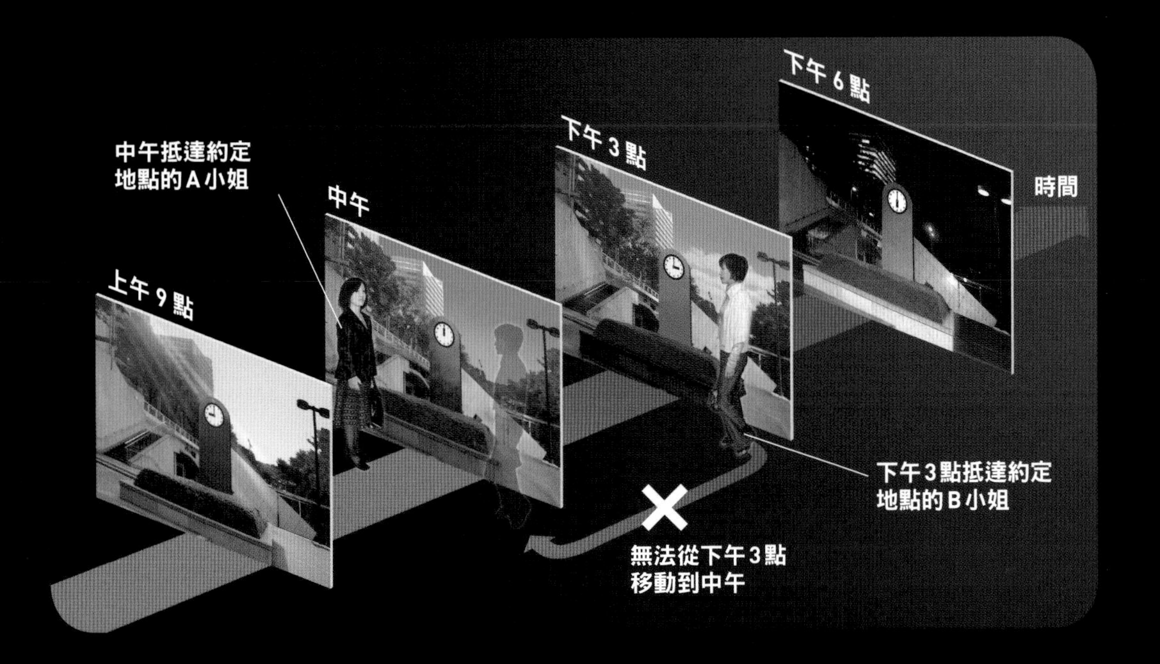


## 時間無法自由移動

我們能在空間裡自由移動，但無法在時間裡自由移動。上圖中，比較晚到的 B 小姐如果能移動到過去，便能與 A 小姐碰到面。可惜，這是不可能的事。

空間和時間無法切割

# 愛因斯坦闡明了重力的真相

## 無法利用萬有引力說明的重力作用

愛因斯坦發表狹義相對論之後，對自己的理論仍不滿意，因為狹義相對論無法處理牛頓的萬有引力，亦即「重力」。此外，根據狹義相對論，任何資訊無法以超越光速的速度傳遞，所以也和主張「無論相隔多遠，都能在瞬間傳遞」的萬有引力有所矛盾。

因此，愛因斯坦嘗試把狹義相對論擴充成為能夠處理重力的理論，終於在1915年底完成了「廣義相對論」。

利用牛頓的理論，能夠說明重力在物體之間如何作用，但無法說明為什麼會產生重力。相對地，廣義相對論則不僅能處理重力，甚至連重力本身如何產生也能從根源加以闡明。現在就利用右邊的插圖來說明吧！

**牛頓的萬有引力定律**

牛頓認為，具有重量（質量）的物體全部都會藉由萬有引力（重力）互相吸引。並主張即使相隔遙遠，萬有引力也會瞬間（以無限大的速度）傳遞。

落下的蘋果

藉由萬有引力（重力）被地球吸引

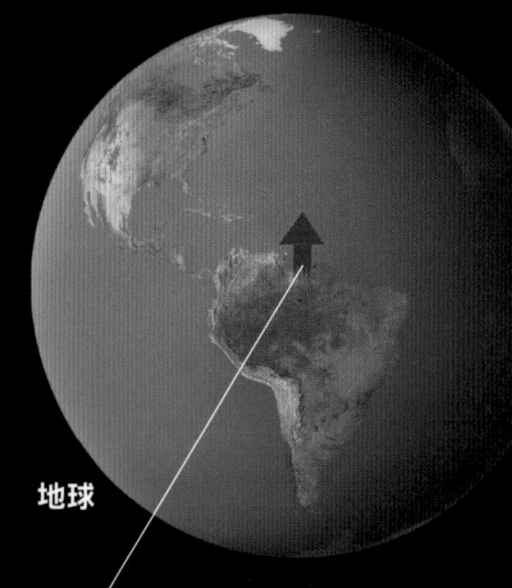

地球

地球也藉由萬有引力（重力）受到蘋果的吸引，但因為地球很重，幾乎不受影響

## 廣義相對論所主張的重力意象

愛因斯坦認為，「具有重量（質量）的物體會造成周圍的時空扭曲，物體會受到該扭曲的影響而移動，這就是重力的真相」。此外他也主張，重力是以光速（自然界中的最高速度）這個有限的速度在傳遞。

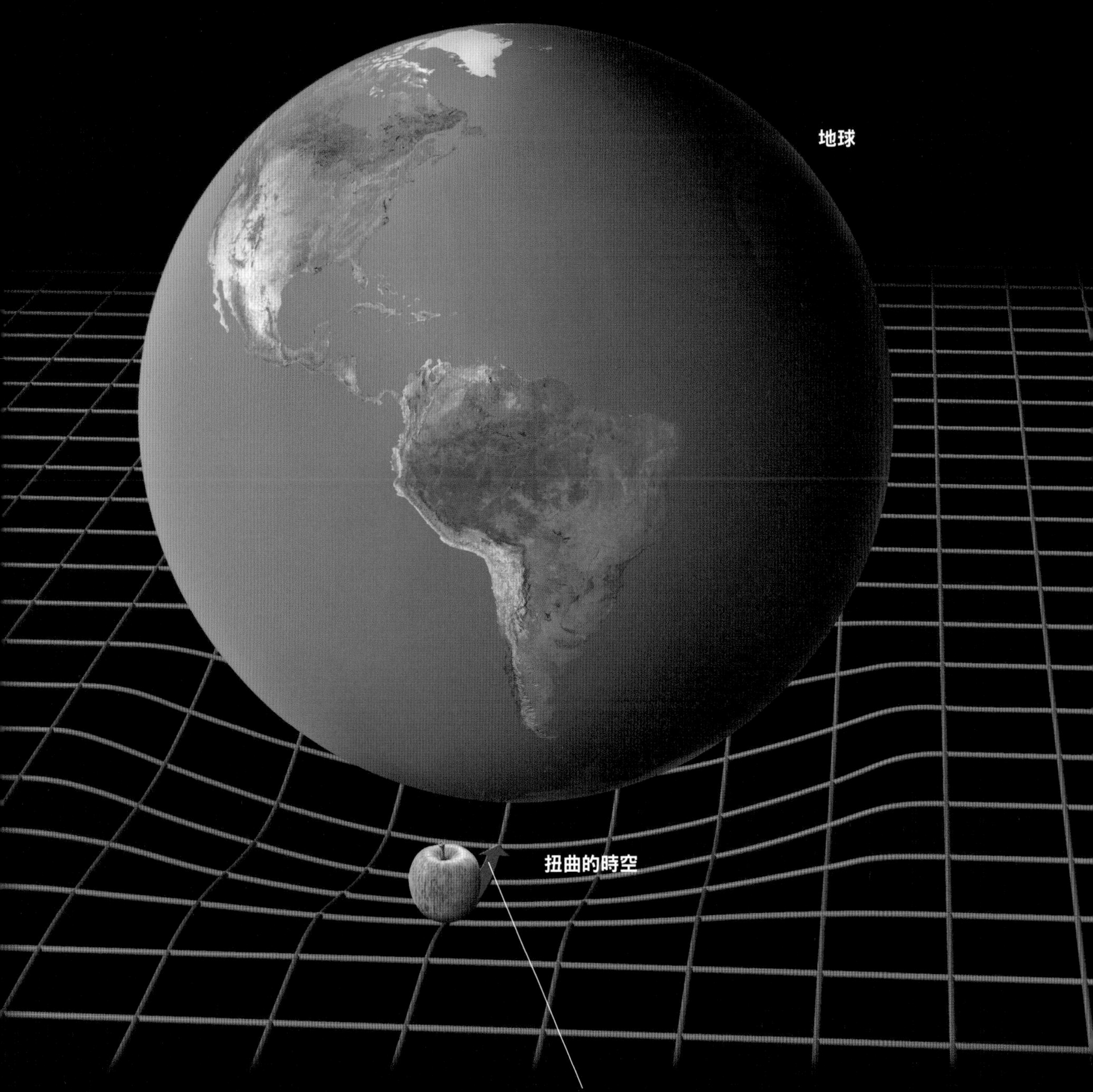


註：3維空間的扭曲很難畫成圖片，所以這裡把3維空間的維度省略1個，以2維平面（格子）的方式表現。

空間和時間無法切割

# 我們無法感受的「空間扭曲」是什麼

## 平行線會交叉的奇妙世界

那麼，愛因斯坦所說的「時空扭曲」究竟是怎麼一回事呢？

我們一般學習的幾何學稱為「歐幾里德幾何學」。依照這個幾何學，平行線當然不會相交。但是，我們也可以思考一下，看似平行的2條直線最後卻會相交，與之前截然不同的幾何學世界，稱為「非歐幾里德幾何學」，是廣義相對論的數學基礎。

看看右頁的插圖吧。左側是歐幾里德幾何學成立的範疇，右側是非歐幾里德幾何學成立的範疇。右側出現了「理應平行的2條直線相交」、「三角形的內角和超過180度」、「圓周比半徑的2π倍短」等奇妙現象。下方的插圖是把這種不可思議的現象加上「高度」這個新維度而進行可視化的結果。將這一個景象套用到我們所居住的3維空間，就是所謂的「扭曲的空間」。

不過，即使身處非歐幾里德的區域，我們也無法實際感受到「空間的扭曲」。

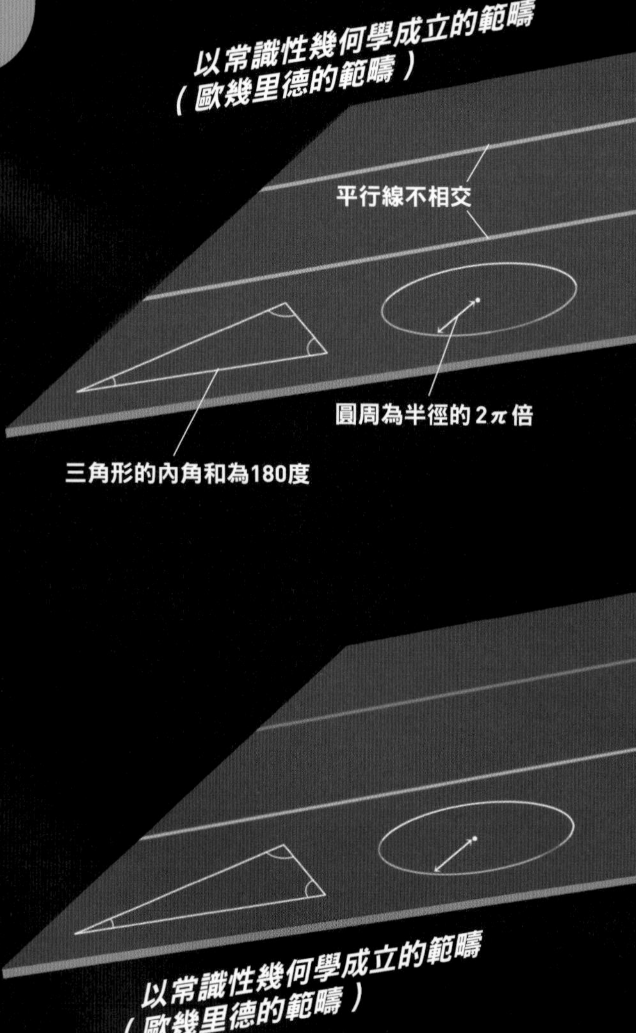

以常識性幾何學成立的範疇
（歐幾里德的範疇）

平行線不相交

圓周為半徑的2π倍

三角形的內角和為180度

以常識性幾何學成立的範疇
（歐幾里德的範疇）

注：「歐幾里德的範疇」相當於我們宇宙中沒有天體存在的區域。「非歐幾里德的範疇」相當於我們宇宙中有天體存在的區域。

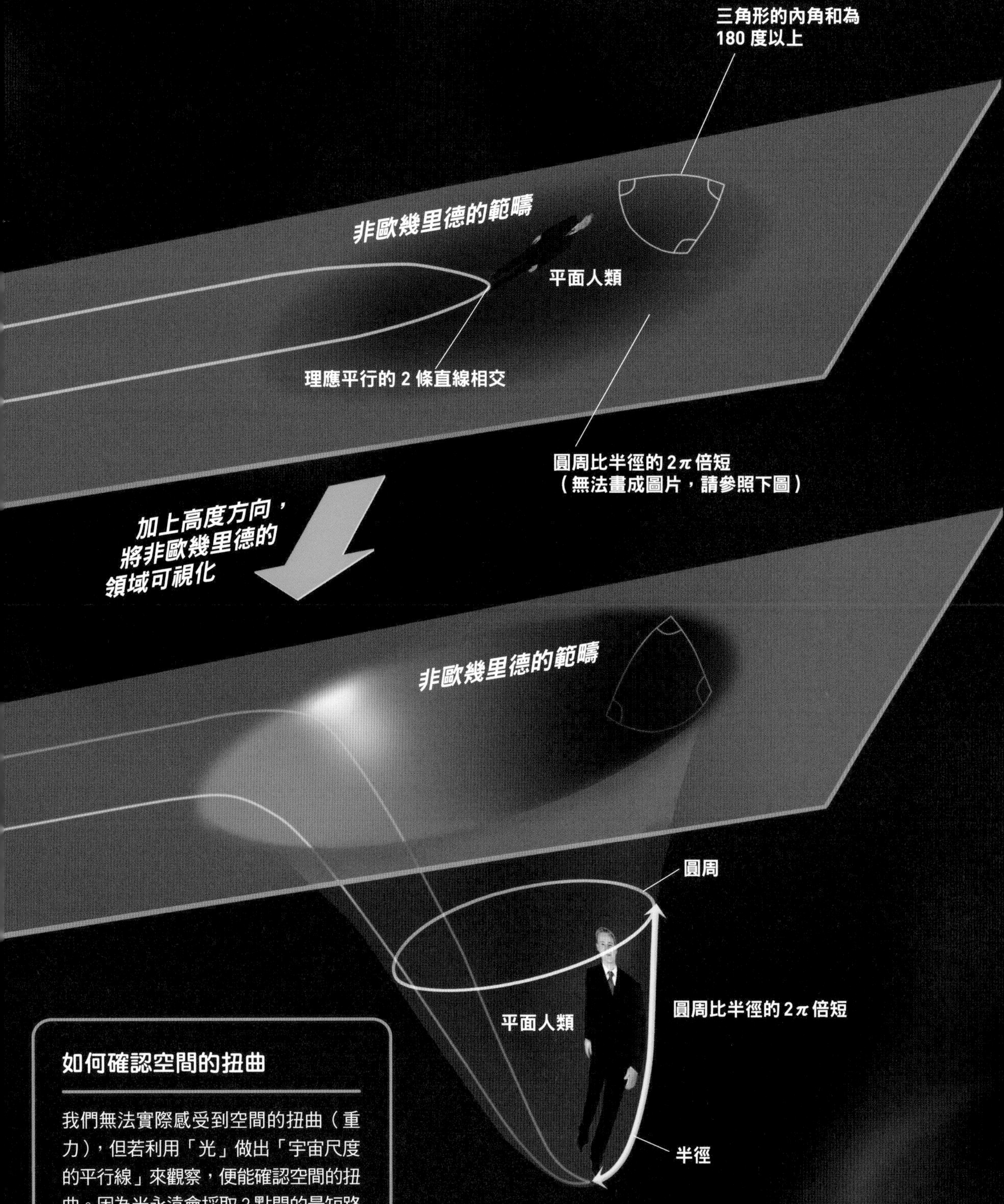

三角形的內角和為
180 度以上

非歐幾里德的範疇

平面人類

理應平行的 2 條直線相交

圓周比半徑的 2π 倍短
（無法畫成圖片，請參照下圖）

加上高度方向，
將非歐幾里德的
領域可視化

非歐幾里德的範疇

圓周

平面人類

圓周比半徑的 2π 倍短

半徑

## 如何確認空間的扭曲

我們無法實際感受到空間的扭曲（重力），但若利用「光」做出「宇宙尺度的平行線」來觀察，便能確認空間的扭曲。因為光永遠會採取 2 點間的最短路徑（亦即「直線」）行進，所以最適合作為直線的基準。

空間和時間無法切割

# 越重的物體會造成時空越大的扭曲

## 地球為什麼能夠一直環繞太陽公轉

在第54頁曾經說明，具有質量的物體會造成周圍的時空扭曲，這正是重力的真相。例如，如果利用廣義相對論來說明「蘋果落下」，就會是「蘋果隨著地球造成的空間扭曲，有如在斜坡滾動一樣，朝著地球靠近」。

宇宙中的天體也是如此，具有質量的天體會對周圍造成4維時空的扭曲。而且，越重的天體（正確來說，是密度越大的天體），會造成周圍時

蘋果隨著地球造成的空間扭曲而朝地球靠近

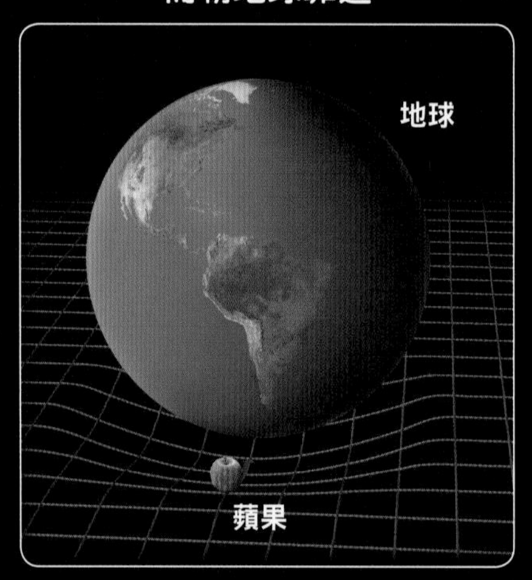


地球隨著太陽造成的空間扭曲而繞著太陽公轉

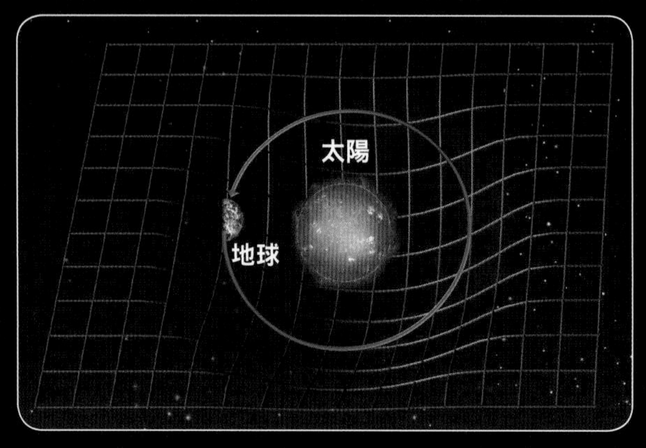

空越大的扭曲。

像太陽這種具有大質量的恆星，周圍的空間就會大幅度扭曲。太陽系的眾行星由於受到此空間扭曲的影響，便繞著太陽公轉。

就像把一顆彈珠投入缽狀的凹洞時，彈珠會在斜面上繞轉一樣，在凹洞內繞轉的彈珠會因摩擦力而逐漸減弱繞轉的動量，最後滾落到洞底。但是，在真空中行進的行星並沒有阻礙其運動的要素，所以能夠一直環繞太陽公轉。

比太陽更重的恆星，在一生的最後會發生塌縮而導致密度變成無限大，使周圍的時空極端扭曲，成為黑洞。而黑洞的時空扭曲非常嚴重，就連光也會被重力捉住而無法逃脫。

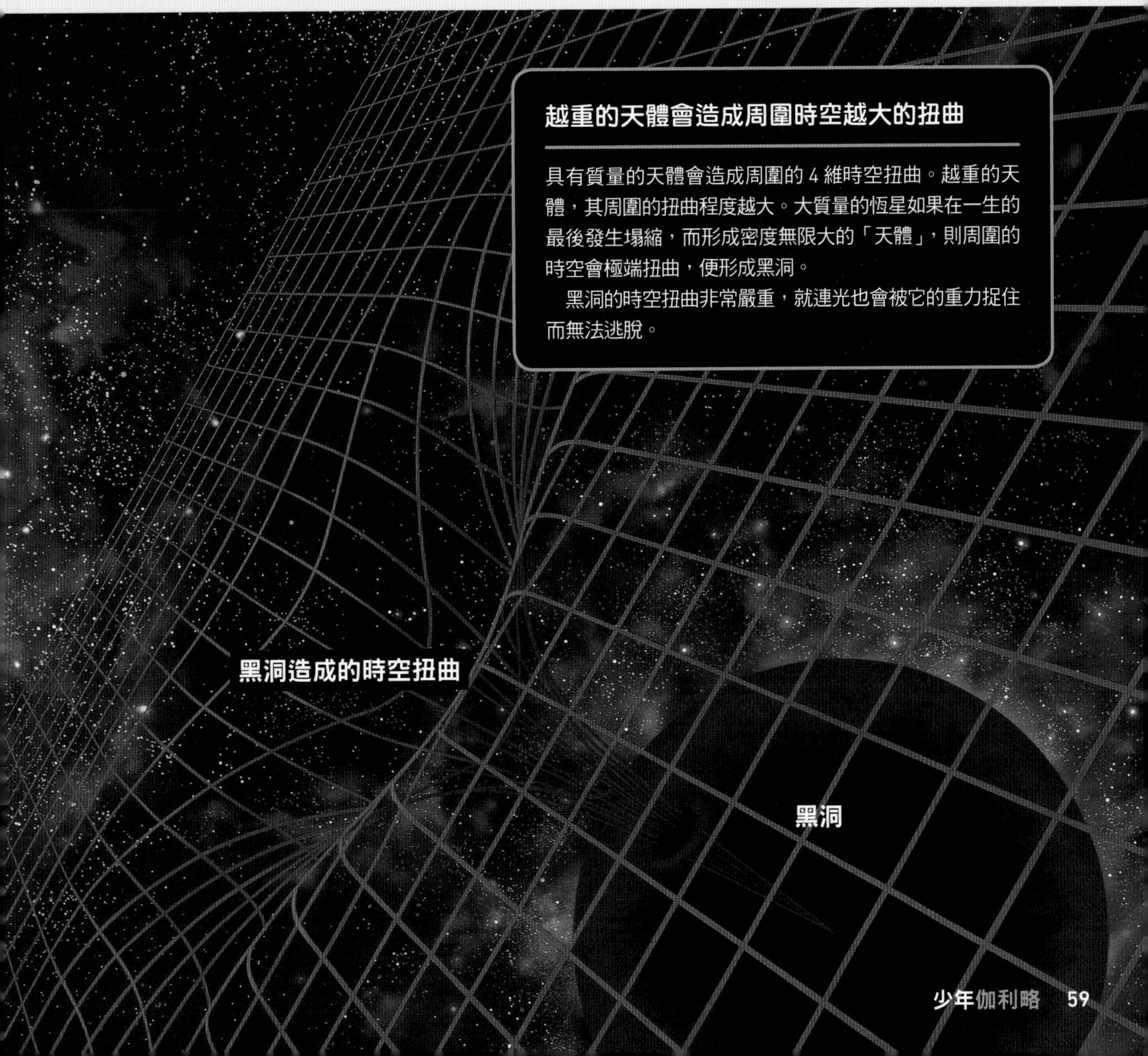

### 越重的天體會造成周圍時空越大的扭曲

具有質量的天體會造成周圍的 4 維時空扭曲。越重的天體，其周圍的扭曲程度越大。大質量的恆星如果在一生的最後發生塌縮，而形成密度無限大的「天體」，則周圍的時空會極端扭曲，便形成黑洞。

黑洞的時空扭曲非常嚴重，就連光也會被它的重力捉住而無法逃脫。

黑洞造成的時空扭曲

黑洞

Column

Coffee Break

# 宇宙中有時間停止的地方！

小時候聽到黑洞，或許很多人就會聯想到《哆啦Ａ夢》的漫畫吧！在你找不到東西或人的時候，就一本正經地懷疑是不是「被黑洞吸進去了」！

如果太空船接近連光也無法逃脫的黑洞時，會發生什麼樣的情形呢？假設我們正從遠處觀察那架太空船，而且太空船每隔1秒鐘發出一道光訊號。

越靠近黑洞，受到黑洞引力的影響越大，太空船發出的光訊號抵達我們所在位置需要的時間也就越久。當太空船靠近到「接近黑洞的速度」和「發出的光訊號速度」互相抵消的地點時，光（光訊號）就會永遠停留在那個地方。

對太空船內的人來說，相當於一下子被吸進黑洞；但從遠方看去，它的行動卻是無限地放慢。越接近黑洞，時間的進行就越延遲，最後在它的表面，時間被凍結了。

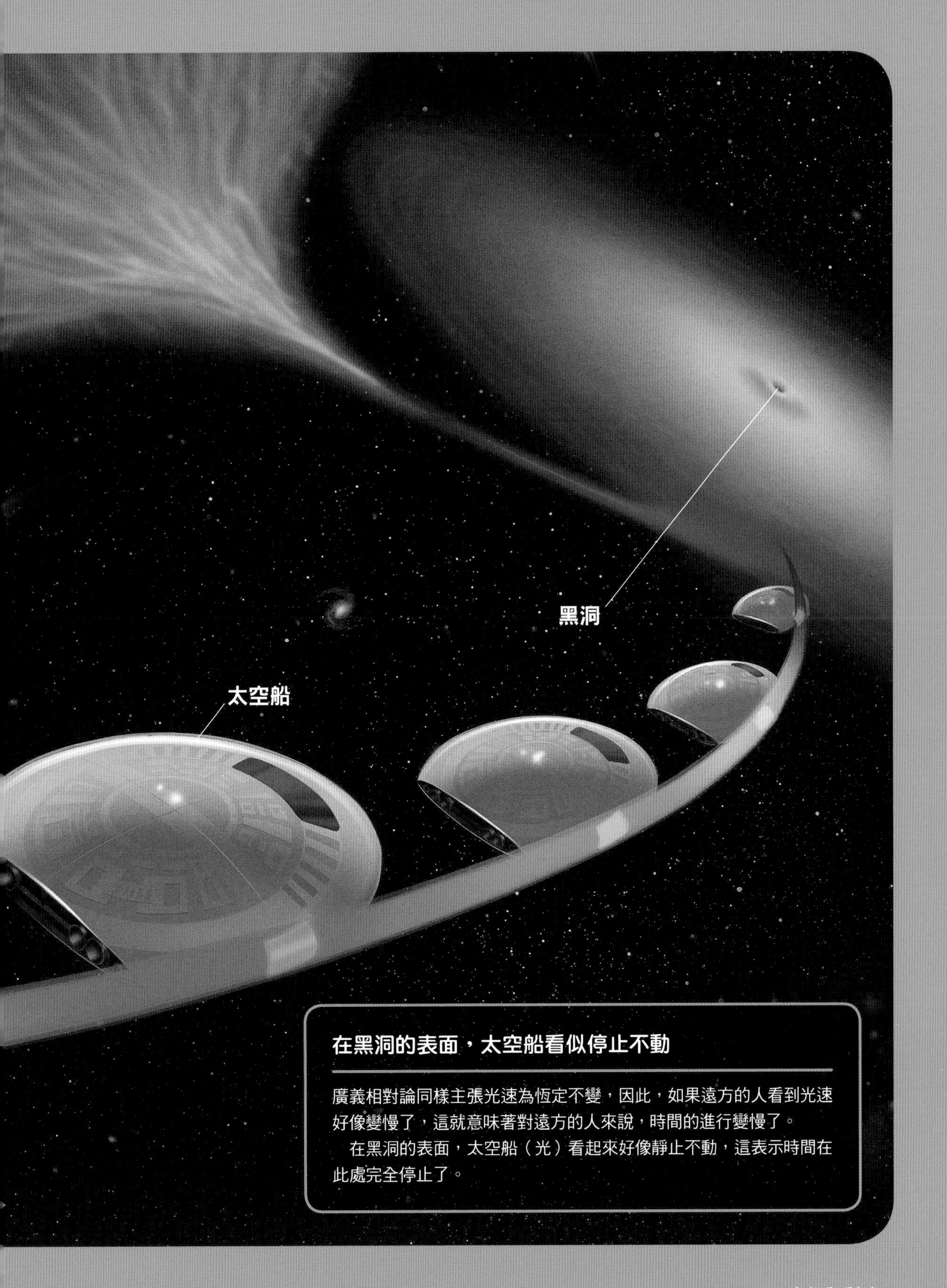


## 在黑洞的表面，太空船看似停止不動

廣義相對論同樣主張光速為恆定不變，因此，如果遠方的人看到光速好像變慢了，這就意味著對遠方的人來說，時間的進行變慢了。

在黑洞的表面，太空船（光）看起來好像靜止不動，這表示時間在此處完全停止了。

如何搜尋高維度

# 開啟通往高維度的大門

## 這個世界並不必然是3維空間

根據愛因斯坦的「狹義相對論」，已確認這個世界至少是4維時空。但是，愛因斯坦的4維時空儘管加上了包含時間的1個維度，但空間充其量只是3個維度。

到了1920年代，出現主張空間是4維度的理論。提案的人是德國數學家卡魯扎（Theodor Kaluza，1885～1954）和瑞典物理學家克萊因（Oskar Klein，1894～1977）。

卡魯扎在研究廣義相對論時，發現

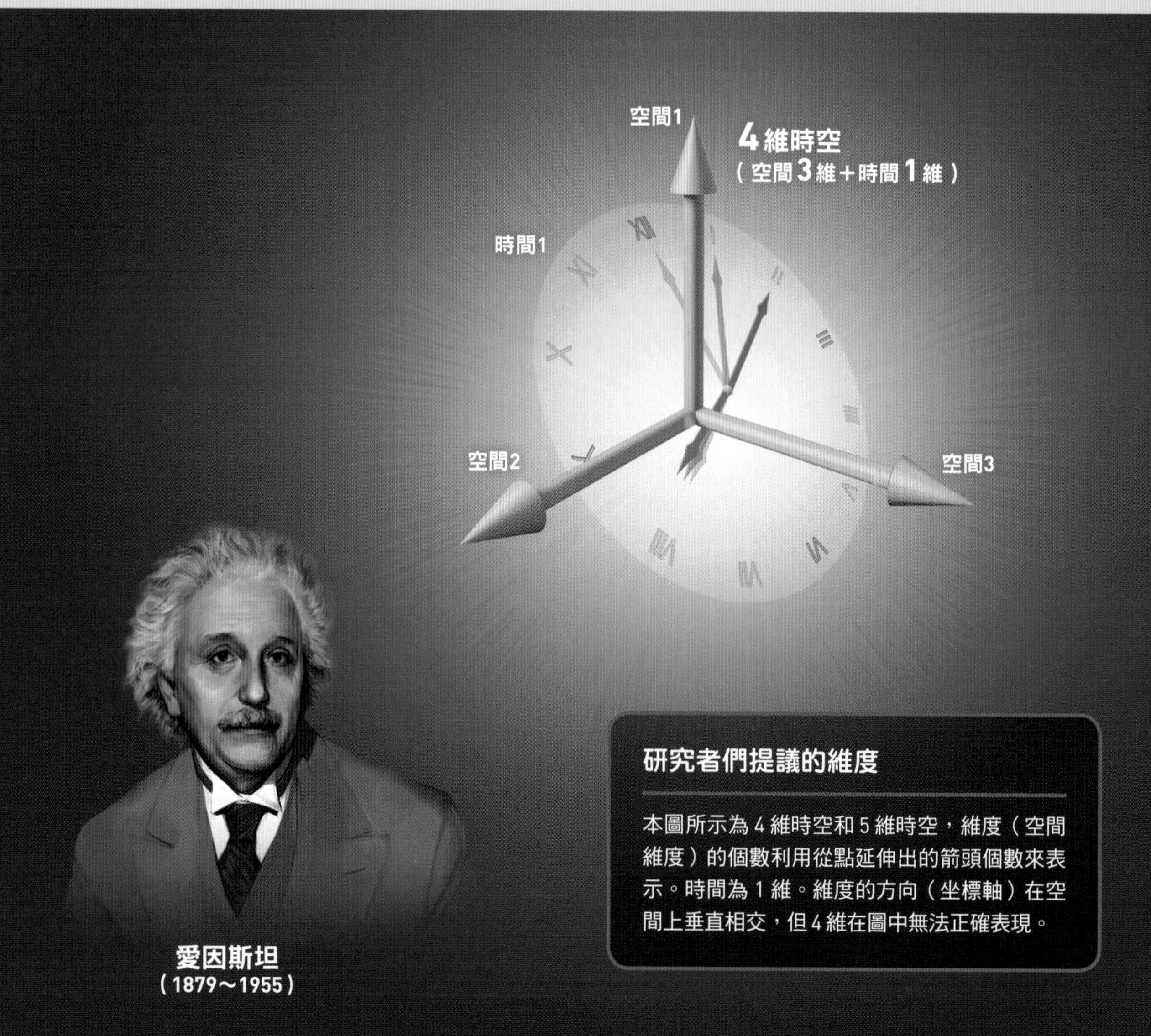


愛因斯坦（1879～1955）

**研究者們提議的維度**

本圖所示為4維時空和5維時空，維度（空間維度）的個數利用從點延伸出的箭頭個數來表示。時間為1維。維度的方向（坐標軸）在空間上垂直相交，但4維在圖中無法正確表現。

這個理論在 4 維空間也能成立。在數學公式中，即使把長、寬、高再加上一個方向（維度），也不會產生矛盾。而若空間是 4 維度，則以往認為是不同東西的重力和電磁力（由電和磁產生的力），就有可能以一個理論統合起來說明。

卡魯扎和克萊因試圖依據這個高維度空間的構想，建構新的物理理論，但結果並不順利。不過，「這個世界並不必然是 3 維空間」的嶄新概念，就這樣出現在物理學的歷史上，並傳承於後來的物理理論。

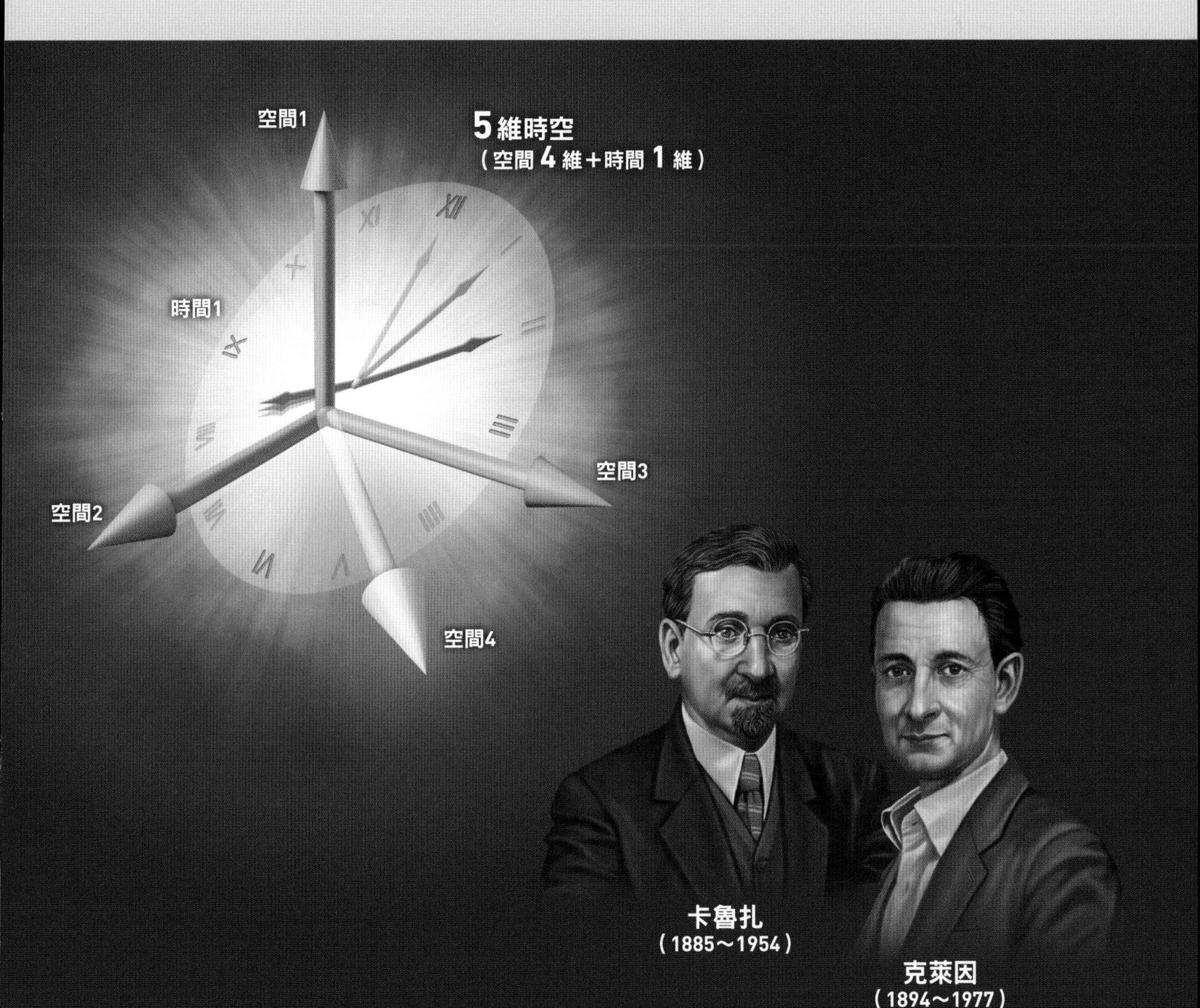

如何搜尋高維度

# 自然界的4種力是什麼力

## 我們能感受到的只有重力和電磁力

為什麼物理學家要如此認真地研究高維度空間這類脫離一般常識的想法呢？

那是因為，考慮高維度空間時，即有可能達到「力的統一」。

現在，人們把自然界的力歸納為4種，分別是「重力」、「電磁力」、「強力」、「弱力」。

強力和弱力基本上只有在比原子核更小的尺度才會出現，所以我們通常只會感受到重力和電磁力。

根據現代的物理學理論，這些力可能都是藉由「基本粒子」來傳遞彼此間的交互作用。所謂的基本粒子，是指構成物質或傳遞各種力的粒子，是無法再繼續分割的自然界之最小單位。

4種力分別藉由不同的基本粒子傳遞，力的強度及可到達的距離都不相同。

### 重力

在一切具有重量（質量）的物體周圍作用之引力，也稱為萬有引力。重力會互相吸引，可能是藉由「重力子」這種基本粒子來傳遞，不過目前還沒有發現重力子。

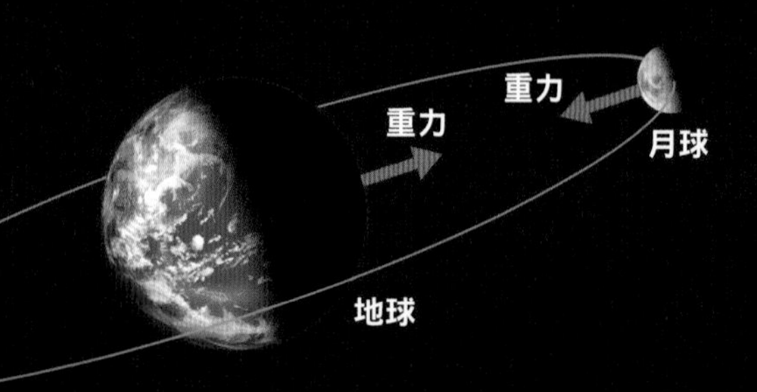


地球和月球會互相吸引。不過，地球的質量約為月球的80倍，於是較輕的月球便繞著較重的地球公轉。

## 電磁力

在帶有電的物體之間作用的力（電力），和帶有磁的物體之間作用的力（磁力）統稱電磁力，兩種力都是藉由「光子」這種基本粒子來傳遞。

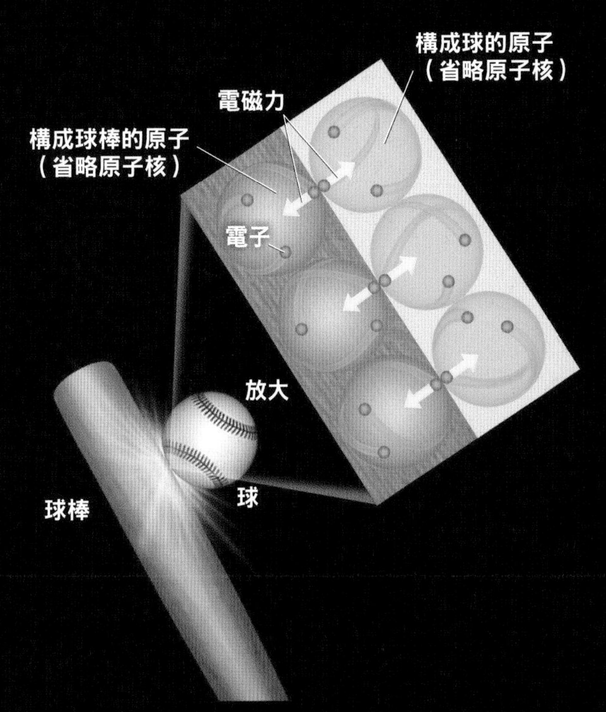


使用球棒擊球時所產生的力，可以說是原子中的電子互相排斥的電磁力。

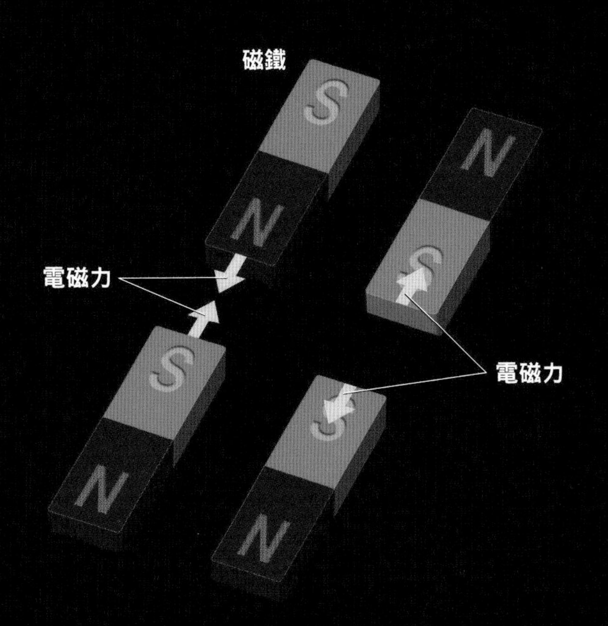


## 強力

構成原子核的質子和中子，分別由三種稱為「夸克」的基本粒子所構成，把這些夸克結合在一起的力就是強力。

強力藉由「膠子」（gluon）這種基本粒子來傳遞，但只能傳到 1 兆分之 1 毫米程度（質子的大小）的極近距離。

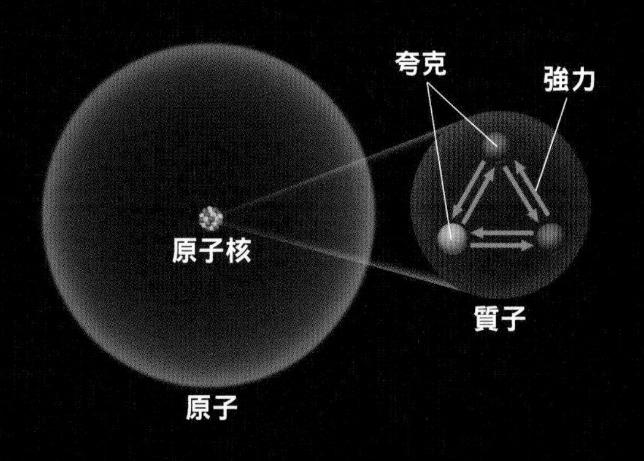


## 弱力

有時構成中子的三個夸克中，有一個會轉變成其他種類，使中子變成質子，引發這種變化的力就是弱力。

弱力藉由「弱玻色子」（weak boson）這種基本粒子來傳遞。和強力一樣，弱力只能傳到極近距離。

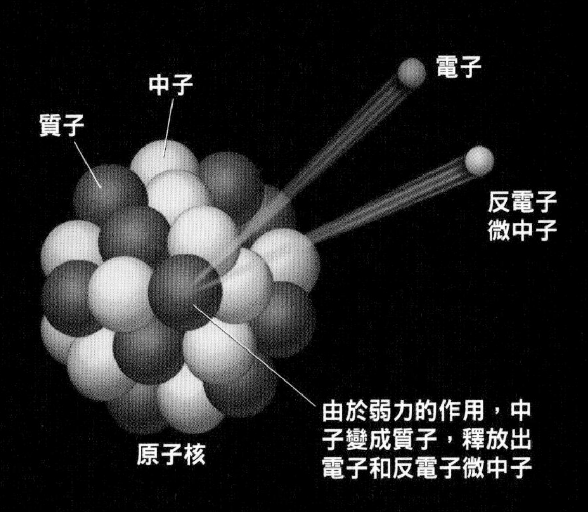

如何搜尋高維度

# 重力遠比其他力還要微弱

## 原本分為四種的力逐漸被統一

自然界中的力，在眾多研究者孜孜不倦地努力之下，歸納成前頁所述的四種力。其實，這四種力之中，「電磁力」和「弱力」已經被統一了。把這兩種力統一起來說明的理論稱之為「電弱統一理論」，由美國物理學家格拉肖（Sheldon Glashow，1932～）、溫伯格（Steven Weinberg，1933～2021）和巴基斯坦物理學家薩拉姆（Abdus Salam，1926～1996）等人於1960年代發表。

現在，把「電磁力」和「弱力」加上「強力」這三種力統一起來說明的理論（大一統理論，grand unification theory），已經有許多人提出方案，正在進行驗證。

若這三種力能夠統合，那麼就只剩下「重力」。不過，想把重力也統合進來非常困難，距離理論的完成似乎還有一段相當遙遠的路程。

為什麼統一重力這麼困難呢？因為這四種力之中，只有重力遠比其他力微弱。

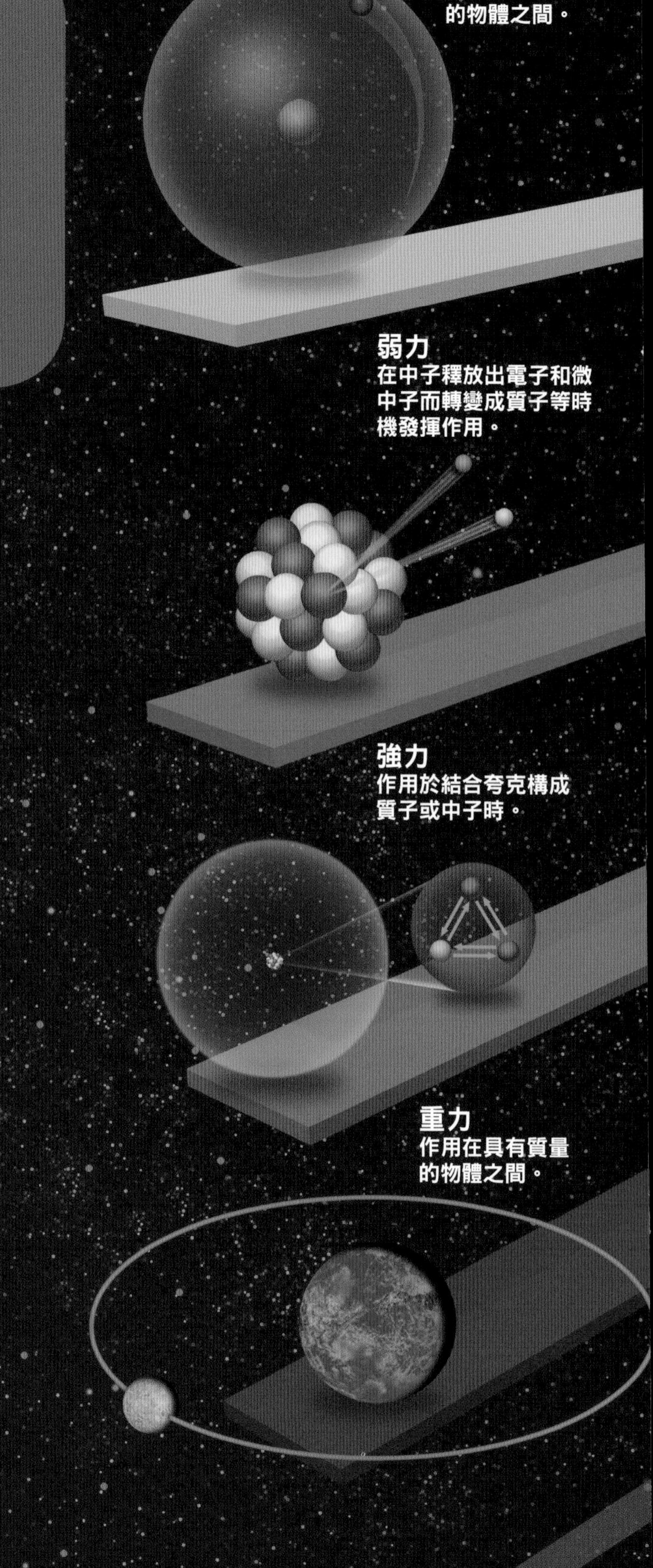

## 四種力曾經是同一種

在宇宙的開端「大霹靂」時，四種力可能是統一的。宇宙曾經是超高溫、超高密度的狀態，後來逐漸冷卻，使得各種力逐漸分離。

大霹靂

把電磁力和弱力統一的「電弱統一理論」發表於1967年。

把重力以外的三種力統一的「大一統理論」（GUT）發表於1974年。

把所有的力統一起來的理論（量子重力論）尚未完成。

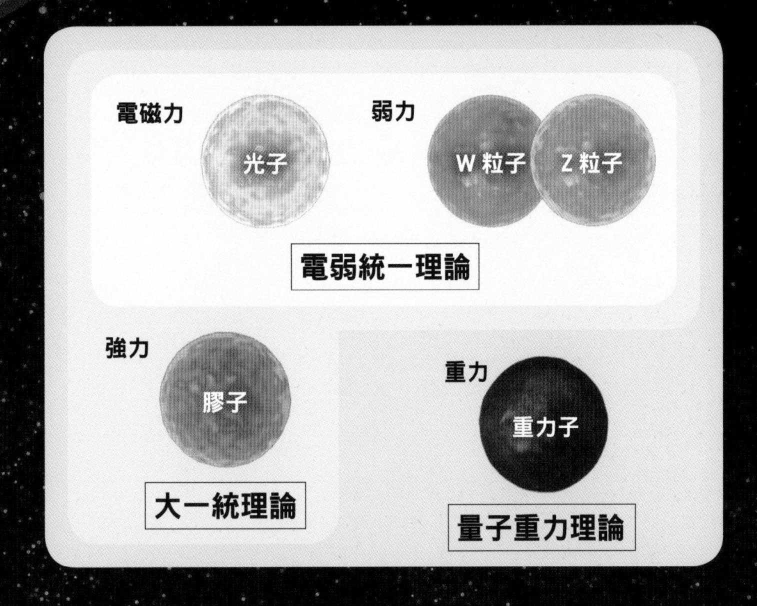

如何搜尋高維度

# 在微觀世界中「比較各種力」

## 為何只有重力看似較弱？

我們一直生活在地球的強大重力之中，所以就算告訴我們重力非常微弱，恐怕也會一時摸不著頭緒吧！

然而，若比較看看原子和電子等微觀世界中力的大小，就能輕易了解重力有多麼微弱。例如，當兩個電子靠近時，會產生互相吸引的重力和互相排斥的電磁力（右圖）。比較這時電磁力和重力的強度，可得知重力只有電磁力的$10^{42}$分之1左右而已。

要把不同的力統一起來，就必須說明「原本是同一種力，因為某些理由而變成看似不同力」這件事。也就是說，必須說明「原本四種力的強度差不多，後來唯獨重力變成極端微弱的理由」。

為什麼只有重力異常微弱呢？為了說明該理由，高維度空間終於登場了！

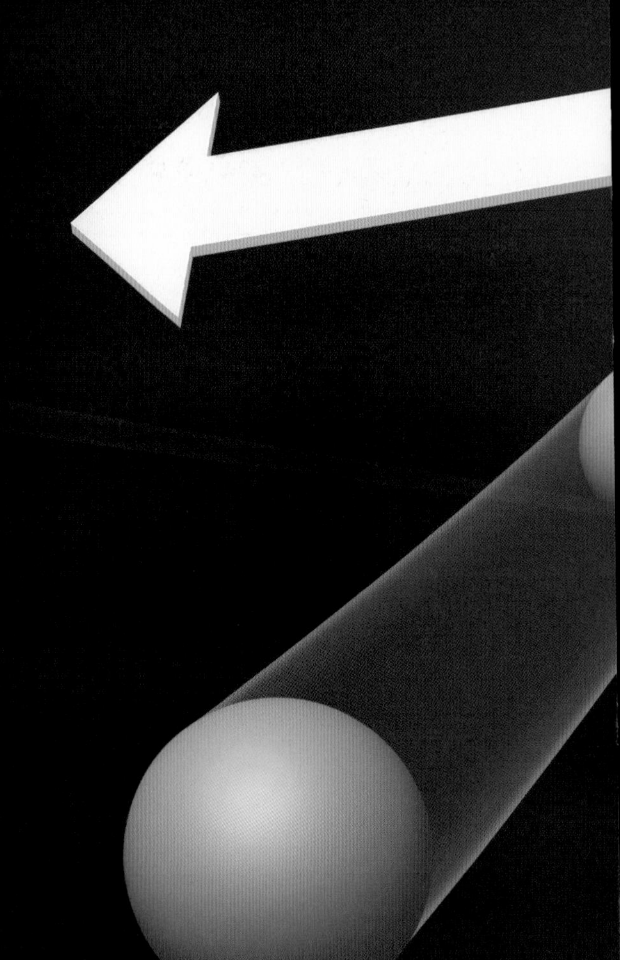

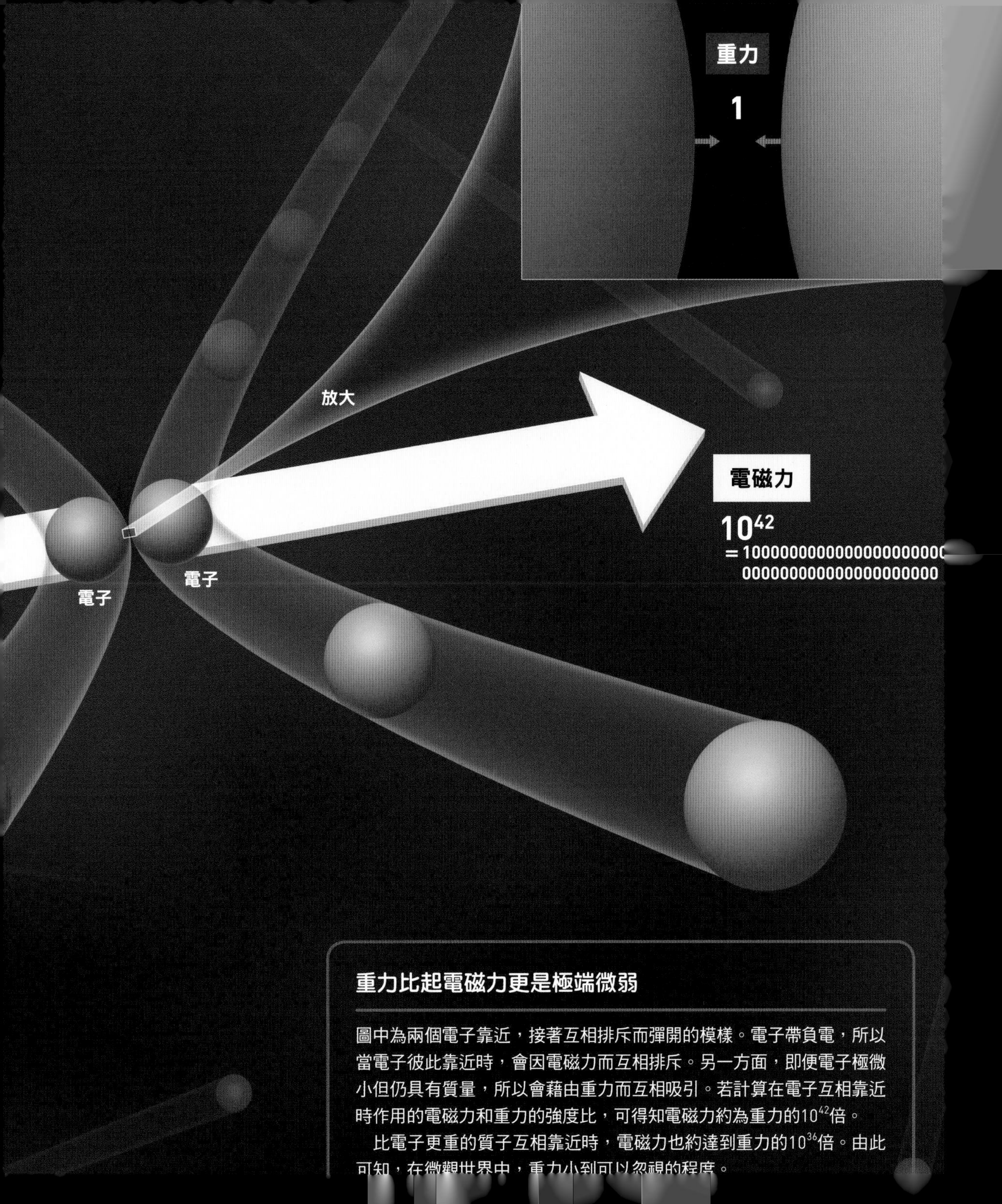


## 重力比起電磁力更是極端微弱

圖中為兩個電子靠近，接著互相排斥而彈開的模樣。電子帶負電，所以當電子彼此靠近時，會因電磁力而互相排斥。另一方面，即便電子極微小但仍具有質量，所以會藉由重力而互相吸引。若計算在電子互相靠近時作用的電磁力和重力的強度比，可得知電磁力約為重力的$10^{42}$倍。

比電子更重的質子互相靠近時，電磁力也約達到重力的$10^{36}$倍。由此可知，在微觀世界中，重力小到可以忽視的程度。

如何搜尋高維度

# 預言10維度時空的「超弦理論」是什麼

## 重力或許擴散到3維以上的空間

在這個世界中，除了3維之外，還有我們無法感知的維度存在，如果重力也往那個方向傳遞的話，會是什麼模樣呢？

重力是不是會往4維以上的空間擴散而變得薄弱呢？也就是說，在我們能夠感知的3維空間中，只有一部分重力在傳遞，所以看似非常微弱。

前面介紹過，高維度空間是卡魯扎和克萊因在1920年代提出的概念。他們想要統一重力和電磁力，

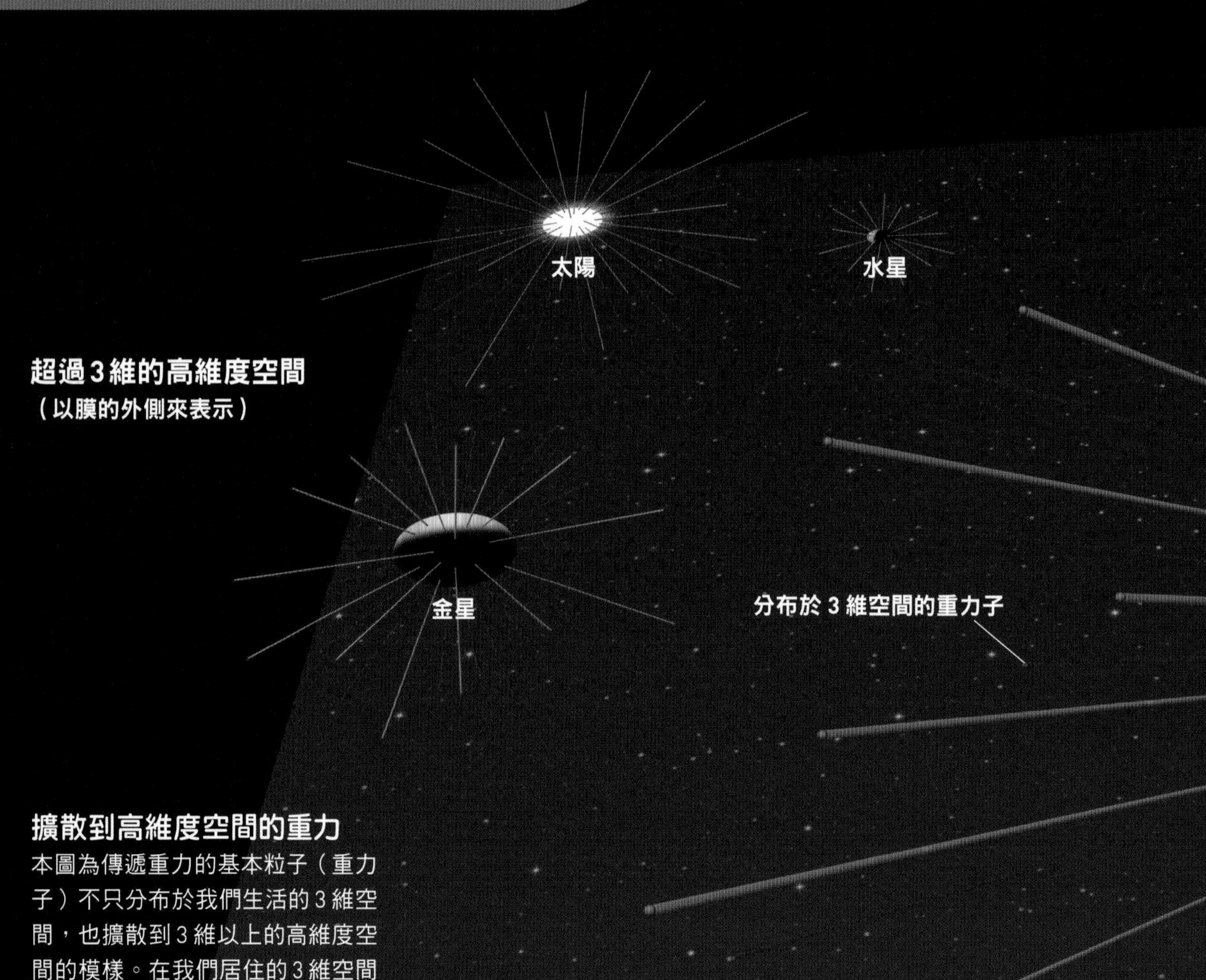


**擴散到高維度空間的重力**

本圖為傳遞重力的基本粒子（重力子）不只分布於我們生活的3維空間，也擴散到3維以上的高維度空間的模樣。在我們居住的3維空間外側，還有高維度空間，這個概念是高維度空間的若干提案之一。

因而構思了4維空間，但最後未能達成統一。這個概念被保留下來，到1980年代在其他理論中復活了，那就是「超弦理論」（superstring theory）。

預言10維度時空存在的超弦理論，是個目前尚未完成的理論，還未透過實驗證明它的正確性。不過，這個理論具有完美統一四種力的可能性，因此有眾多科學家積極投入研究。

### 基本粒子可能是「弦狀」

超弦理論主張自然界的最小單位「基本粒子」是振動的微小的「弦」（string），是由英國物理學家格林（Michael Green，1946～）和美國物理學家施瓦茨（John Schwarz，1941～）等人於1984年所提出的物理學理論，預言了10維度時空（9維空間和1維時間）的存在。

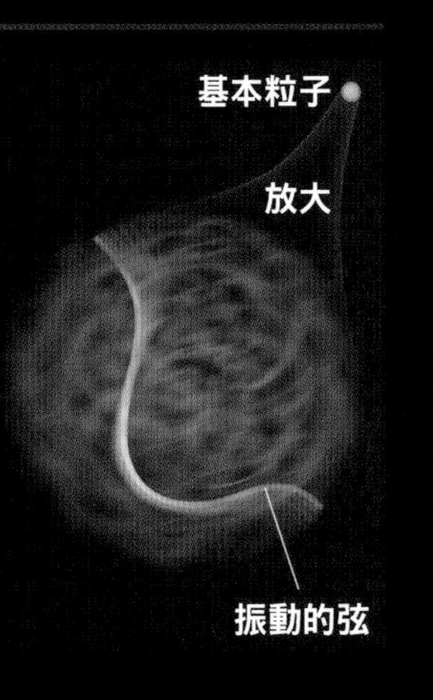


擴散到高維度空間的重力子

地球

如何搜尋高維度

# 高維度空間微小而隱蔽

## 以螞蟻的視線來看看吧

我們居住的這個世界，無論以什麼方式觀察哪個地方，都只會讓人認為是3維空間。物理學所預言的高維度空間，究竟是在這個世界的何處呢？

即使高維度空間確實存在，我們也無法辨識，其理由有好幾種，最具代表性的說法是「高維度空間非常微小，所以我們無法察覺」。

例如，從建築物上方俯看柏油路

**變成「螞蟻」就能看到高維度？**

圖為物理學家所預言之「隱藏的維度」的概念。柏油路面從遠處看去是2維的平面，但若放大到能看見石粒的程度，便能看到立體的3維空間。

面，從遠處看去，路面是一片平坦，只能往前後和左右這 2 個方向移動，所以是 2 維。但如果把路面放大來觀察，便可看到路面中一顆顆石粒的立體形狀。假設有一隻小螞蟻在石粒之間爬行，則牠不只能往前後和左右這 2 個方向移動，還能往上下（高度）的方向移動（下圖）。也就是說，對螞蟻而言這個地方是 3 維。我們從遠處觀察，認為是 2 維的路面，其實隱藏著第 3 個維度。

像這樣，物理學所預言之高維度空間的大小，一般來說，可能遠比原子還要微小。正如我們未能察覺到隱藏在柏油路面的維度，高維度空間也是小到讓人無法察覺。

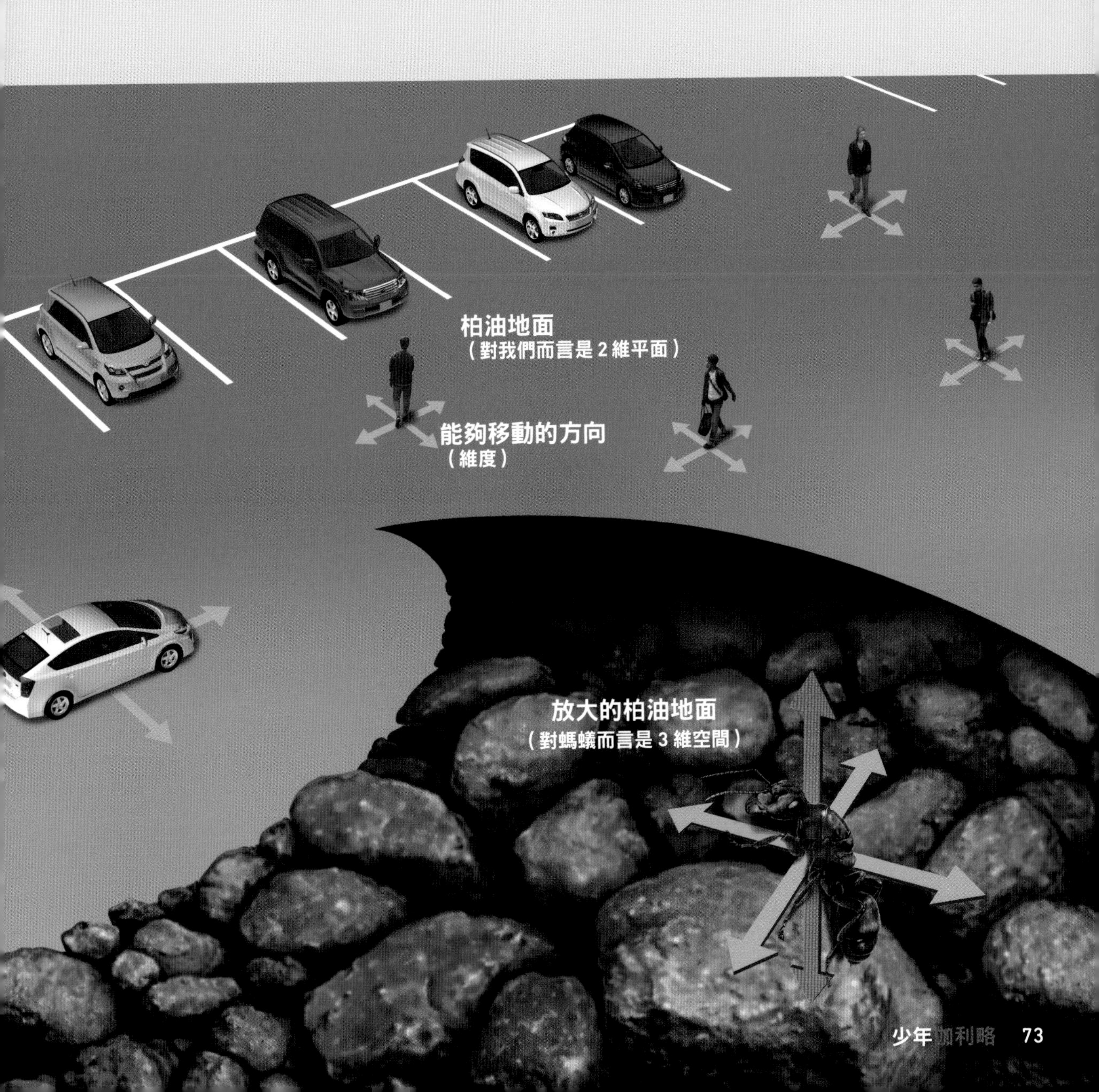

如何搜尋高維度

# 維度能夠捲縮變小

## 把 6 維度捲起來，會形成不可思議的空間

我們居住的世界，無論怎麼看都是 3 維空間。因此，科學家構思出把超過 3 維的額外維度「捲縮」的數學手法。這麼一來，便能把維度「隱藏起來」，在物理學上稱為「緊緻化」(compactification)。

空間的緊緻化，能非常有效地把 3 維以上的維度隱藏在我們不會察覺到的地方。因此，說明自然界最小單位「基本粒子」其行為及性質的超弦理論，也採取這種手法。

超弦理論主張，基本粒子的本質是在振動且微小的「弦」。目前已發現了許多種基本粒子，有些是構成物質的基本粒子，有些則是傳遞力的基本粒子等。

這些基本粒子看似是不同的物體，但本質全都是微小的弦，藉由弦振動方式的差異，而呈現出不同基本粒子的樣態。

捲起來的 6 維度
（卡拉比＝丘成桐空間）

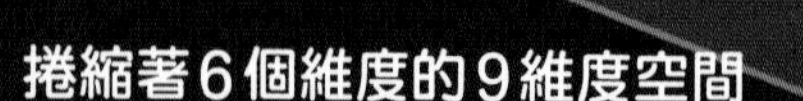

### 捲縮著 6 個維度的 9 維度空間

超弦理論主張，基本粒子的本質全都是微小的弦，而宇宙是 9 維空間。圖為超過 3 維的 6 個維度捲縮在特殊空間（卡拉比－丘成桐空間）的模樣。

**緊緻化的概念**

圖為把2維中的1個維度緊緻化的示意圖。將2維平面捲起來，使其半徑逐漸縮小，最後會成為1維的線。但是，變成看不到的維度並沒有消失。在這個捲起來的維度上，若往捲起來的方向一直前進，會回到原來的位置。

如何搜尋高維度

# 「閉合弦」不受維度的束縛

## 只有重力的基本粒子能在高維度空間移動

超弦理論所構思的弦，可大致分為「閉合弦」(closed string)和「開放弦」(open string)兩種。閉合弦是弦的兩端連接成橡皮圈一樣的狀態，而開放弦是弦的兩端沒有連接在一起的狀態。開放弦只能在稱為「膜」(brane)，如薄膜般展開的範圍內移動。另一方面，閉合弦沒有「端點」能夠黏附在膜上，所以能離開膜而移動。膜則是對應於我們居住的這個3維空間的世界。

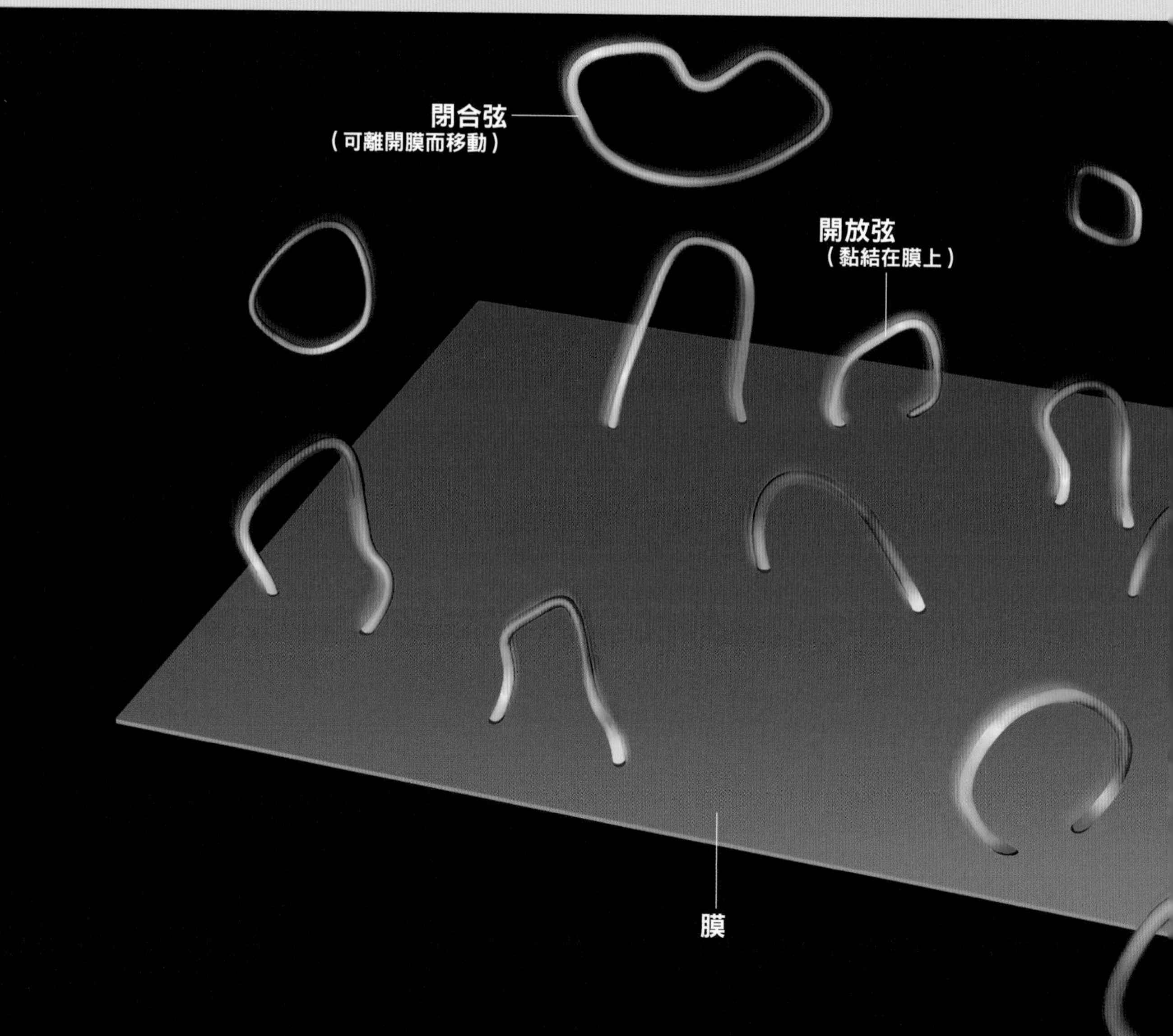

在超弦理論中，構成物質的基本粒子（夸克及電子等）及傳遞電磁力的基本粒子（光子）等基本粒子都以開放的弦來表示。而傳遞重力的基本粒子（重力子）則是以環狀的閉合弦來表示。閉合弦不會黏結在 3 維空間，而是能移動到更高維度的空間。

也就是說，呼應第70～71頁的圖中所說明的，「只有重力能擴散到高維度空間，所以極端微弱」。

把四種力統一起來的物理學大願，在高維度空間的概念和超弦理論的襄助之下，實現的日子越來越近了。

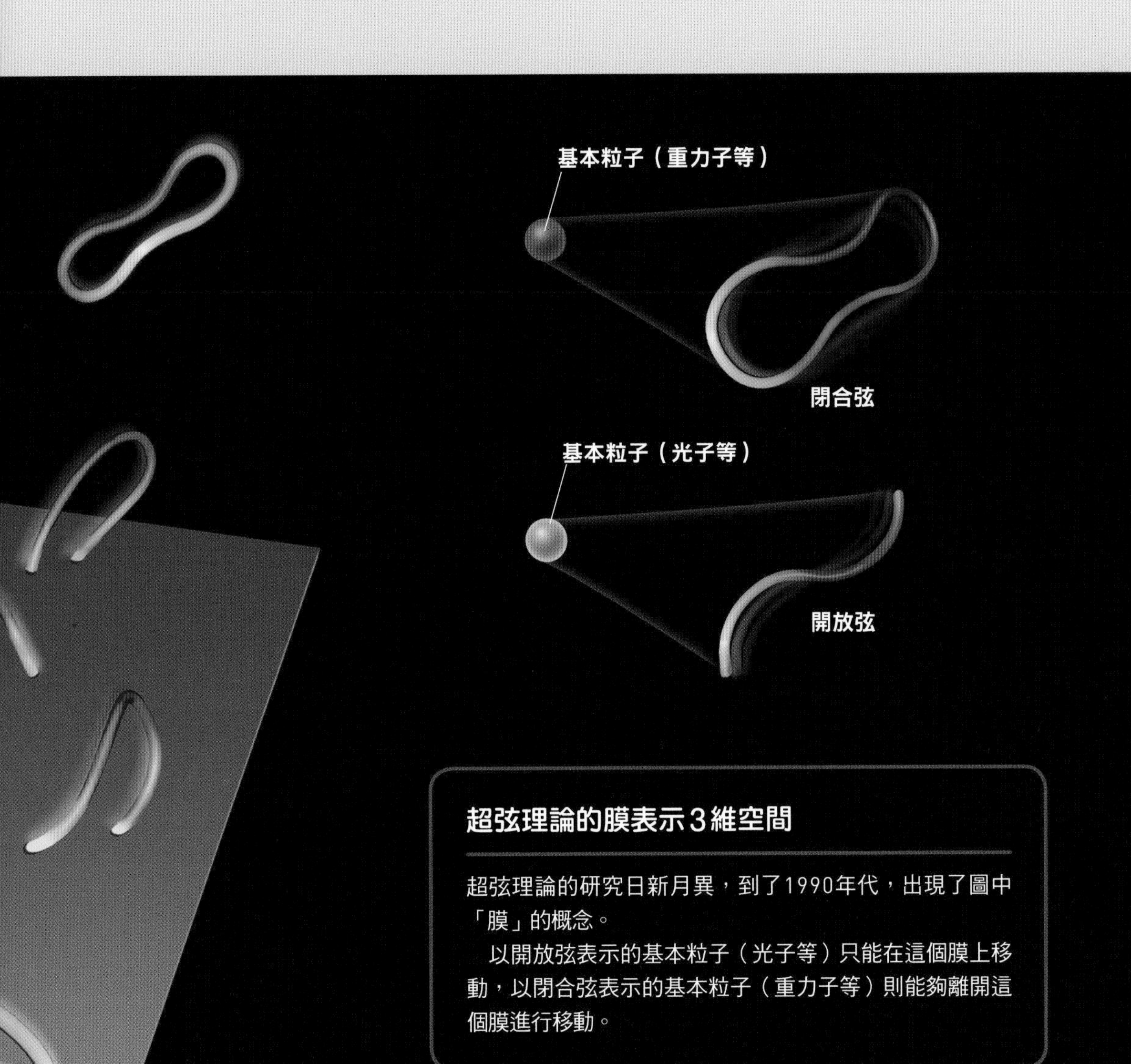


### 超弦理論的膜表示3維空間

超弦理論的研究日新月異，到了1990年代，出現了圖中「膜」的概念。

以開放弦表示的基本粒子（光子等）只能在這個膜上移動，以閉合弦表示的基本粒子（重力子等）則能夠離開這個膜進行移動。

## 結語

這本《維度》的話題到這裡告一段落。您覺得如何呢？或許某些地方會覺得有點難以理解吧！

比3維更高維度的研究，除了超弦理論之外，還有ADD理論、RS理論等等，物理學家前仆後繼地為了闡釋「重力的微弱」進行驗證。甚至，還出現「我們看到的3維空間或許是幻覺」這種顛覆以往常識的新假說。

這個世界的現象充滿了許多未知的謎題。讀完本書，對維度是否想更加了解一些呢？

對超弦理論感到好奇的讀者，可參考人人伽利略18《超弦理論：與支配宇宙萬物的數學式》。

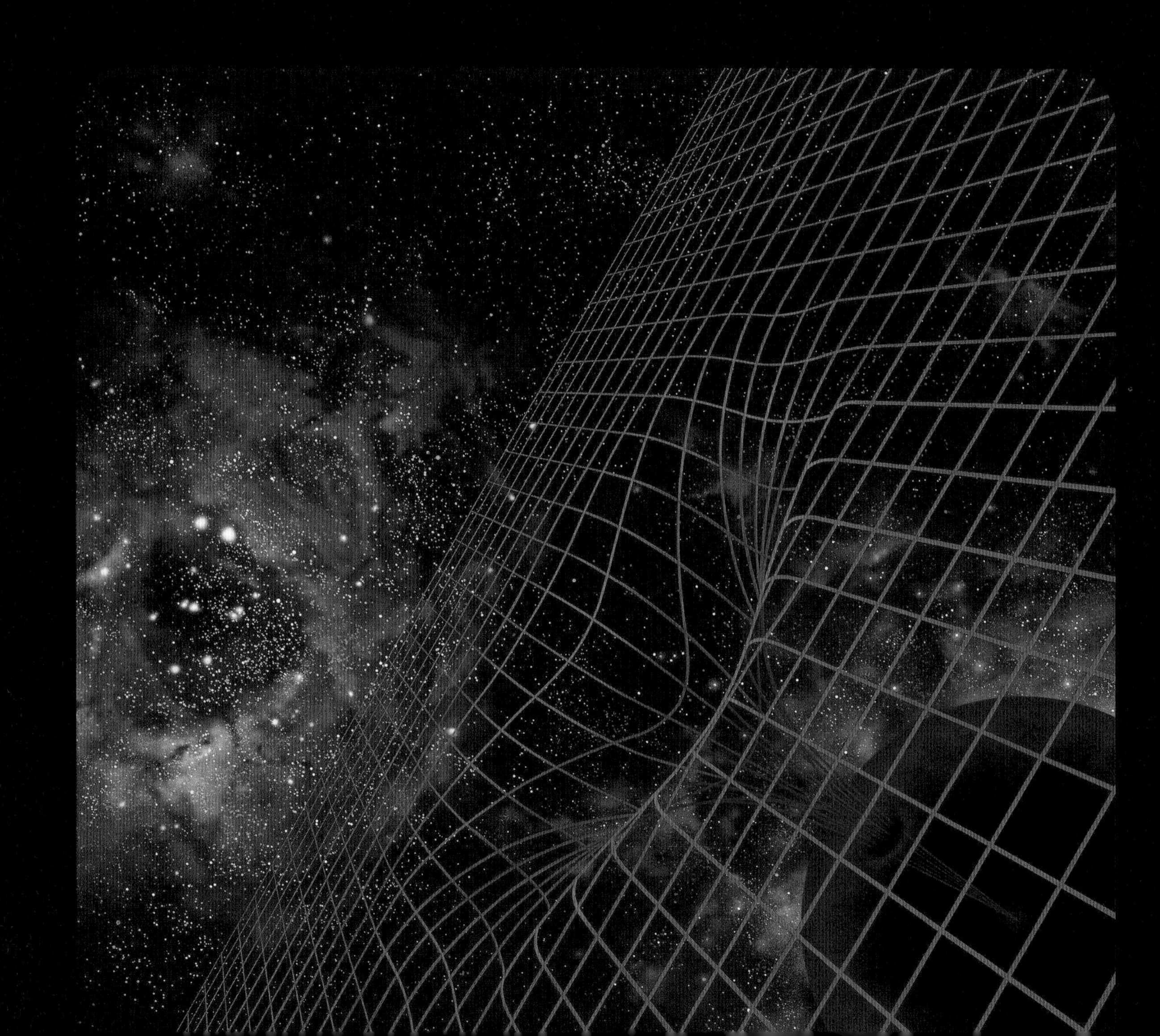

## 人人伽利略系列好評熱賣中！　日本Newton Press授權出版

人人伽利略 科學叢書 12

### 量子論縱覽　從量子論的基本概念到量子電腦

售價：450元

本書是日本Newton出版社發行別冊《量子論增補第 4 版》的修訂版。本書除了有許多淺顯易懂且趣味盎然的內容之外，對於提出科幻般之世界觀的「多世界詮釋」等量子論的獨特「詮釋」，也用了不少篇幅做了詳細的介紹。此外，也收錄多篇介紹近年來急速發展的「量子電腦」和「量子遙傳」的文章。

★國立臺灣大學物理系退休教授　曹培熙 審訂、推薦

人人伽利略 科學叢書 18

### 超弦理論　與支配宇宙萬物的數學式

售價：400元

「支配宇宙萬物的數學式」是愛因斯坦、馬克士威等多位物理學家所建構之理論的集大成。從自然界的最小單位「基本粒子」到星系，以及它們的運動和力的作用，幾乎宇宙的所有現象皆可用這個數學式來表現。該數學式可以說人類累世以來的智慧結晶。

而超弦理論是具有解決這些問題之潛能的物理學理論。現在，就讓我們進入最尖端物理世界，一起探索自然界的「真實面貌」吧！

★國立臺灣師範大學物理學系教授　林豐利老師 審訂、推薦

人人伽利略 科學叢書 29

### 解密相對論　說明時空之謎與重力現象的理論

售價：500元

根據相對論的說法，時間跟空間都會伸縮。那麼，我們是否能夠回到過去或前往未來呢？真的有可能進行星際旅行嗎？相對論不僅為物理學帶來巨大貢獻，與生活還有什麼關聯性呢？本書還特別以電腦繪圖模擬相對論實際上看起來的樣子，如果過去對相對論不是非常瞭解，又或可能有些誤解，趕快透過本書的專業圖解，感受相對論的魅力之處吧！

【 少年伽利略 29 】

# 維度
## 前往超越想像的高維度世界

作者／日本Newton Press
特約編輯／洪文樺
翻譯／黃經良
編輯／林庭安
發行人／周元白
出版者／人人出版股份有限公司
地址／231028 新北市新店區寶橋路235巷6弄6號7樓
電話／（02）2918-3366（代表號）
傳真／（02）2914-0000
網址／www.jjp.com.tw
郵政劃撥帳號／16402311 人人出版股份有限公司
製版印刷／長城製版印刷股份有限公司
電話／（02）2918-3366（代表號）
經銷商／聯合發行股份有限公司
電話／（02）2917-8022
香港經銷商／一代匯集
電話／（852）2783-8102
第一版第一刷／2022年9月
定價／新台幣250元
港幣83元

國家圖書館出版品預行編目（CIP）資料

維度：前往超越想像的高維度世界
日本Newton Press作；
黃經良翻譯. -- 第一版. --
新北市：人人出版股份有限公司, 2022.09
面；公分. —（少年伽利略；29）
譯自：次元：想像をこえる高次元の世界へ
ISBN 978-986-461-304-5（平裝）
1.CST：理論物理學 2.CST：通俗作品

331 111011862



**Staff**

Editorial Management　木村直之
Design Format　米倉英弘 + 川口 匠（細山田デザイン事務所）
Editorial Staff　中村真哉，青木より子

**Photograph**

19　Aliaksandr/stock.adobe.com
21　*EC85 Ab264 884f, Houghton Library, Harvard University
38〜39　fotofabrika/stock.adobe.com
72　hikdaigaku86/stock.adobe.com

**Illustration**

Cover Design　宮川愛理（イラスト：Newton Press［※］）
2〜37　Newton Press
38　矢田 明
41〜58　Newton Press
58〜59　奥本裕志
60〜61　門馬朝久
62　【アインシュタイン】黒田清桐
62〜71　Newton Press
72〜73　立花 一
74〜75　Newton Press ［※］
76〜77　Newton Press
78　奥本裕志
※：【カラビ＝ヤウ空間】Andrew J. Hanson, Indiana University and Jeff Bryant, Wolfram Research, Inc.